빛깔있는 책들 188

쉽게 구할 수 있는
염료 식물

글, 사진/임형탁, 박수영

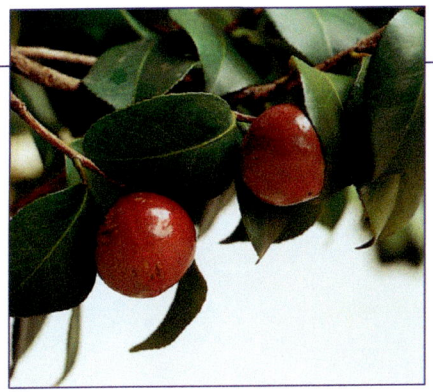

임형탁 ───────────────

1958년 광주에서 태어나 동경대학 대학원에서 식물분류학을 전공하여 이학박사 학위를 받았다. 전남대학교 자연과학대학 생물학과에서 식물이 무엇인지, 왜 소중한지를 가르치고 있으며 자연을 스승으로 삼고자 하여 틈만 나면 밖으로 나간다.

박수영 ───────────────

1960년 대전에서 태어나 동경예술대학 대학원에서 염직을 전공하여 미학석사 학위를 받았다. 광주에서 염직공방 "태향"을 꾸려나가고 있으며 식물염을 통해 자연을 배우고 있다.

도움 주신 곳 ───────────────
낙양직물(전라북도 익산)

쉽게 구할 수 있는
염료 식물

머리말	6
간단한 염색 방법	8
쉽게 구할 수 있는 염료 식물	10
쉽게 구할 수 있는 염료 식물 찾아보기	142
참고 문헌	143

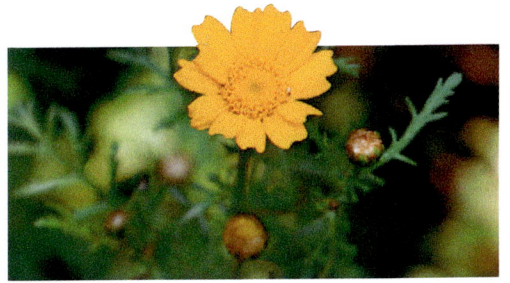

쉽게 구할 수 있는
염료 식물

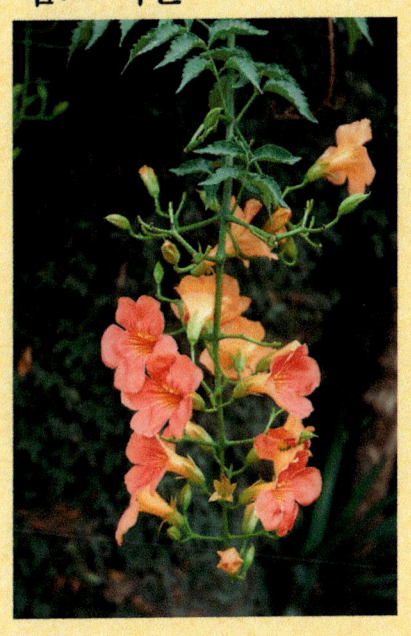

머리말

색은 우리의 생활을 풍요롭게 하고 우리의 감정을 부드럽게 한다. 이러한 색은 특정 파장의 빛을 흡수 또는 반사하는 작용에 의해 이루어지는데 색을 내는 물질을 '색소'라 하고 그 가운데 실이나 옷감을 염색하는 용도로 쓰이는 것을 '염료'라고 한다.

인공으로 염료를 합성할 수 있게 되기 전에는 모든 염료를 자연으로부터 얻었다. 이들 천연 염료 가운데는 동물이나 광물로부터 얻어지는 염료도 있으나 대부분은 식물에서 염료를 얻는다. 식물의 화려한 꽃이나 열매뿐만 아니라 잎, 뿌리, 나무껍질, 목재 등에서도 다양한 색의 염료가 얻어진다.

식물 염료는 식물이 만들어낸 복잡한 2차 산물들이 어우러져서 만들어지기 때문에 차분하고 깊이가 있으며 전체적으로 튀지 않고 가라앉은 색상이 된다. 그래서 식물 염료로 염색된 직물은 인공물 속에서 살고 있는 현대인들에게 자연의 포근함을 느끼게 해주는 신선한 자극이 되는 것이다. 이러한 미묘한 색의 조화는 합성 염료의 단순한 색소로는 도저히 얻어낼 수 없다. 자연 속의 식물들이 서로 조화하고 어울리는 것과 마찬가지인 것이다. 여러 종의 식물로 이루어진 숲은 많은 식물들의 개성이 서로 잘 어우러져서 더할 수 없는 조화를 이룬다. 우리가 숲을 보면서 느끼는 편안함, 안정감은 바로 그 조화로움으로부터 온다.

식물 염료의 또 다른 매력은 색의 변화에 있다. 매염제를 이용하여 기본색의 색상을 다양하게 변화시킬 수 있을 뿐더러 같은 종의 식물에서 얻어진 염료라도 계절에 따라 색상이 조금씩 달라지는 경우가 많다. 이는 '색상의 재현성'이라는 측면에서는 단점이 되지만 세상에 하나밖에 없는 자신만의 색을 얻을 수 있다는 것은 큰 기쁨이다. 자기만의 색은 손수건이나 스웨터 같은 일용품에서 염직 작품까지 다양하게 이용될 수 있다.

천연 염료는 원료의 채취가 제한적이고 염료의 추출 과정이 복잡하며 염색 방법도 반복 공정이 많아서 노동력이 많이 들 뿐더러 고도의 숙련을 필요로 한다.

이런 제한을 갖는 식물 염료는 대량 생산이 가능하고 색의 재현성이 보다 높은 화학 염료로 대체되었다. 하지만 최근에 환경과 건강 문제에 대한 관심이 증대되면서 보다 환경 친화적인 식물 염료에 대한 관심이 상대적으로 커지고 있다.

여기에서는 대상 식물을 전통적인 염색법에 의존하거나 기록을 재현한 것도 있지만 주변의 식물을 이용하여 손쉽게 염색할 수 있는 것들을 골라 보았다. 그리고 염색에 사용된 천은 무지 비단을 이용하였다.

이 책은 우리 주변에서 흔히 볼 수 있는 식물들로부터 어떤 색을 얻을 수 있는지, 또 원하는 색을 얻기 위해서는 어떤 식물을 이용할 것인지를 보여 주는 좋은 길잡이가 될 것이다.

간단한 염색 방법

전통적인 식물 염료로 염색하는 법은 복잡하고 손이 많이 가는 고도의 숙련을 요한다. 이 책에서는 누구든지 주변에 있는 도구를 이용하여 쉽게 해볼 수 있도록 다음과 같은 간단한 과정으로 염색한 것이다.

염색을 하려면 믹서나 분쇄기, 스테인리스로 된 그릇, 작은 집게나 커다란 핀셋, 저울, 미용실에서 쓰는 얇은 고무장갑 등이 필요하다. 이때 사용하는 도구는 주방에서 요리할 때 쓰는 기구와는 별도로 하여야 한다.

작업중에는 고무장갑을 끼고, 매염제의 무게를 달 때에는 마스크를 쓰며 작업이 끝난 뒤에는 비누로 손을 깨끗이 씻는 것을 잊지 말아야 한다.

이 책에서 시험하고 있는 염색 과정은 모두 아래의 방식으로 물들인 것이다.

염색 과정

1. 잘 씻은 재료를 잘게 썰거나 믹서 또는 분쇄기로 갈아서 물에 넣어 20분간 끓인 뒤 걸러내고 다시 끓이기를 3 내지 4회 되풀이하여 염액을 추출

한다.

2. 염액에 천이나 실을 넣고 10분간 끓인 다음 충분히 식힌다.

3. 30분간 매염제에 넣었다가 물로 씻는다.

4. 매염 처리된 천이나 실을 염액에 넣어 20분간 끓인다. 불에서 내려 충분히 식힌 다음 물로 잘 씻어 바람이 잘 통하는 곳에서 말린다.

5. 필요에 따라 1에서 4까지의 공정을 되풀이한다.

매염제

염료가 천이나 실에 잘 흡착되도록 도와 주는 약품을 매염제라 한다. 대부분의 식물 염료는 다색성 염료이다. 그러므로 매염제의 종류에 따라 색상이 달라지게 될 뿐만 아니라 색의 견뢰도(빛이나 마찰에 대해 견디는 힘)도 달라진다.

주변에서 손쉽게 구할 수 있고 또 주로 쓰이는 주된 매염제로는 알루미늄[$Al(CH_3COO)_3$], 석[錫, $NaSnO_3$], 동[銅, $(CH_3COO)_2 \cdot CuH_2O$], 철[鐵, $Fe(CH_3COO)_2$], 크롬[$Cr(CH_3COO)_3$], 명반(明礬)이 있다. 이 가운데 크롬은 매우 독성이 강하므로 가급적 사용하지 않는 것이 좋다. 석을 이용할 때는 같은 양의 구연산($C_6H_8D_7$)을 첨가한다. 일반적으로 석과 명반, 알루미늄을 쓰면 밝은 색조를 내고 동은 녹색 계통의 색조가 되며 철을 사용하면 어두운 색조가 된다.

매염제의 양은 피염물의 무게에 대해 알루미늄은 5퍼센트, 석은 2퍼센트, 동은 3퍼센트, 철은 1.5 내지 2퍼센트 정도가 적당하다. 동과 철은 피염물을 약화시키므로 주의해야 한다.

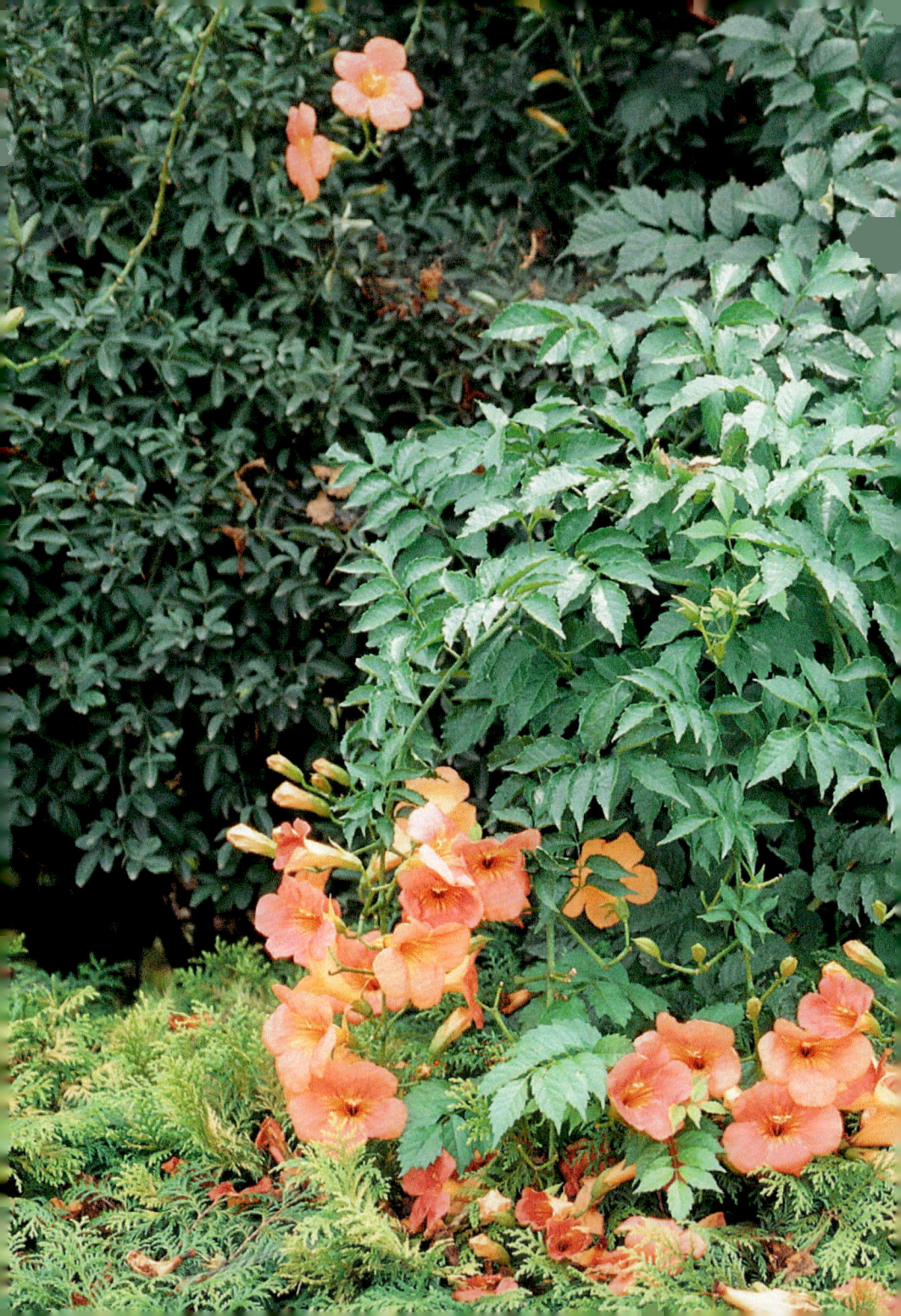

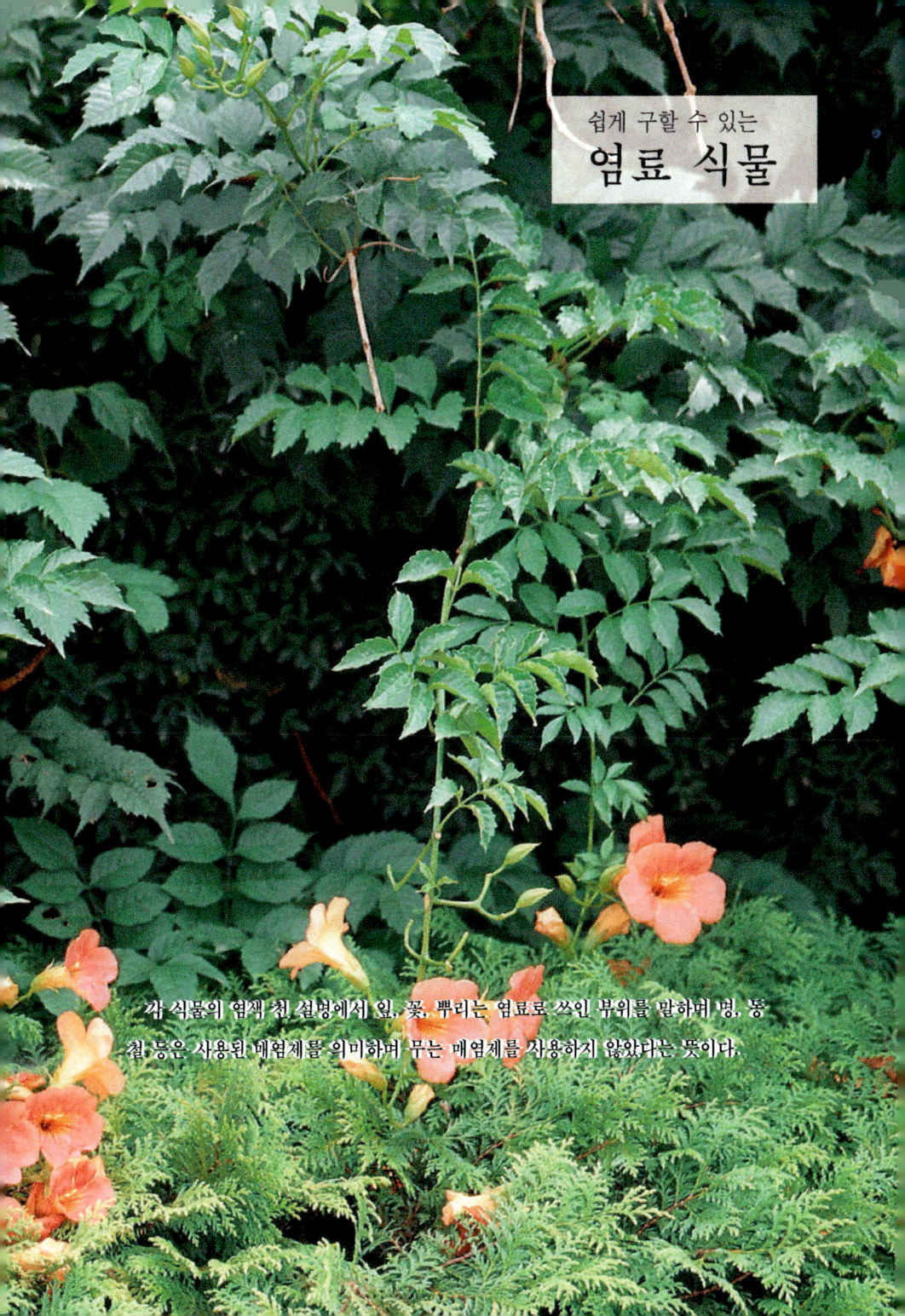

쉽게 구할 수 있는
염료 식물

각 식물의 염색 천 설명에서 잎, 꽃, 뿌리는 염료로 쓰인 부위를 말하며 명, 똥
철 등은 사용된 매염제를 의미하며 무는 매염제를 사용하지 않았다는 뜻이다.

가는금불초(線葉旋覆花)

Inula britannica var. *lineariaefolia* Regel

우리나라, 중국, 일본 등 동북 아시아에 분포하며 국화과에 속하며 들판이나 경작지 주변, 개울 가 등 습기가 많은 양지에서 자라는 여러해살이풀이다.

줄기는 30 내지 70센티미터로 곧추선다. 근생엽(根生葉)과 줄기 아랫부분의 잎은 꽃이 필 때 말라 없어지며 경생엽(經生葉)은 어긋나고 중앙부의 잎이 가장 커서 길이 4 내지 9센티미터, 너비 6 내지 10밀리미터인데 위아래로 갈수록 작아진다. 잎은 선상 피침형 또는 선형으로 끝이 뾰족하고 밑이 급하게 좁아져서 바로 줄기에 닿아 약간 감싸고 있다. 잎 표면의 털이 없고 뒷면에 누운털과 선점이 있으며 가장자리는 가볍게 뒤로 말린다.

6월에서 8월 사이에 줄기의 윗부분이 갈라져서 여러 개의 가지를 만들고 그 끝에 지름 1 내지 2.5센티미터의 두상화가 하나씩 달려서 전체적으로 산방상의 꽃차례를 이룬다. 총포는 반구형으로 길이 4 내지 6밀리미터, 지름 8 내지 14밀리미터로 총포편은 가늘고 길게 4줄로 배열되며 선점이 있고 가장자리에 털이 있으며 녹색이다. 두상화는 빽빽하게 늘어선 작은 통상화와 그를 둘러싸고 정연하게 방사상으로 늘어선 길이 10밀리미터, 너비 1.5 내지 2밀리미터의 가늘고 긴 설상화로 이루어진다. 설상화는 황색으로 뒷면에 선점이 있다.

열매는 1밀리미터 길이의 수과(瘦果)로 10개의 능선과 털이 있고 3밀리미터의 관모가 있다.

어린순은 나물로 먹는다. 한방에서는 꽃을 거담 · 진해 · 진통 · 이뇨 · 구토 진정제로 쓰고, 뿌리를 거담 · 해독 · 진해 및 베인 상처의 치료제로 쓴다.

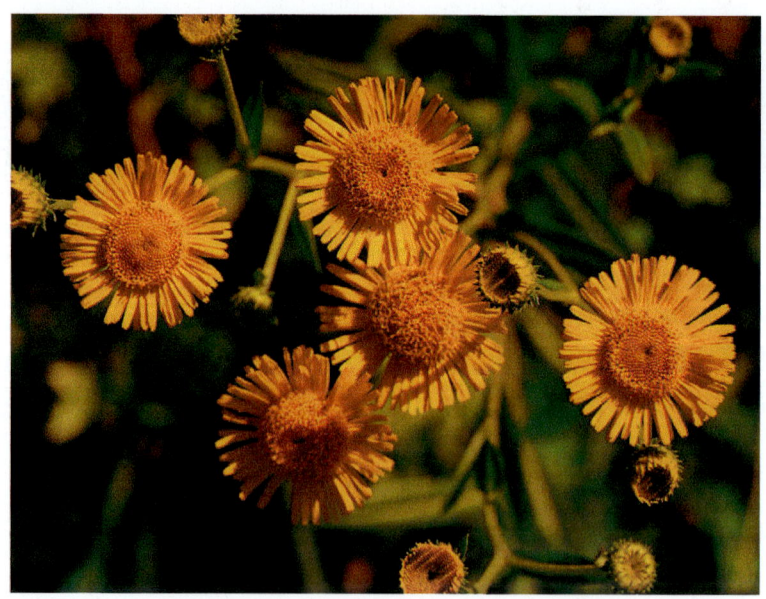

염색 장마 전후에 꽃을 피우는 가는금불초는 외양이 깨끗하면서도 힘이 있는 식물이다. 염료로 사용된 기록은 없으나 진노랑의 꽃색에 끌려서 물을 들여 보기로 했다. 7월 전남대학교 농대 실습장의 개울가에 있는 가는금불초 무리에서 꽃과 잎을 별도로 채집하여 각각 가늘게 잘라 끓여서 염액을 만들었다. 꽃과 잎을 염액으로 한 결과에 큰 다름은 없으나 꽃보다는 잎을 사용했을 때 적은 양으로도 짙은 색을 낼 수 있었다. 반복 염색하여 짙고 깊은 색을 얻을 수 있는 좋은 염료 식물이다.

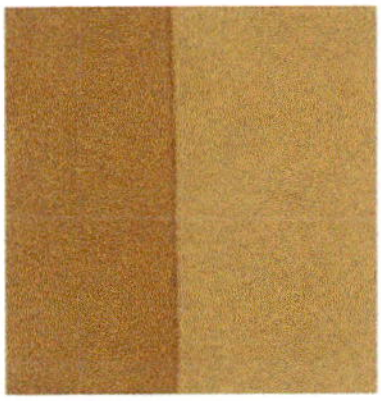

잎/꽃

동(꽃)

철(잎)

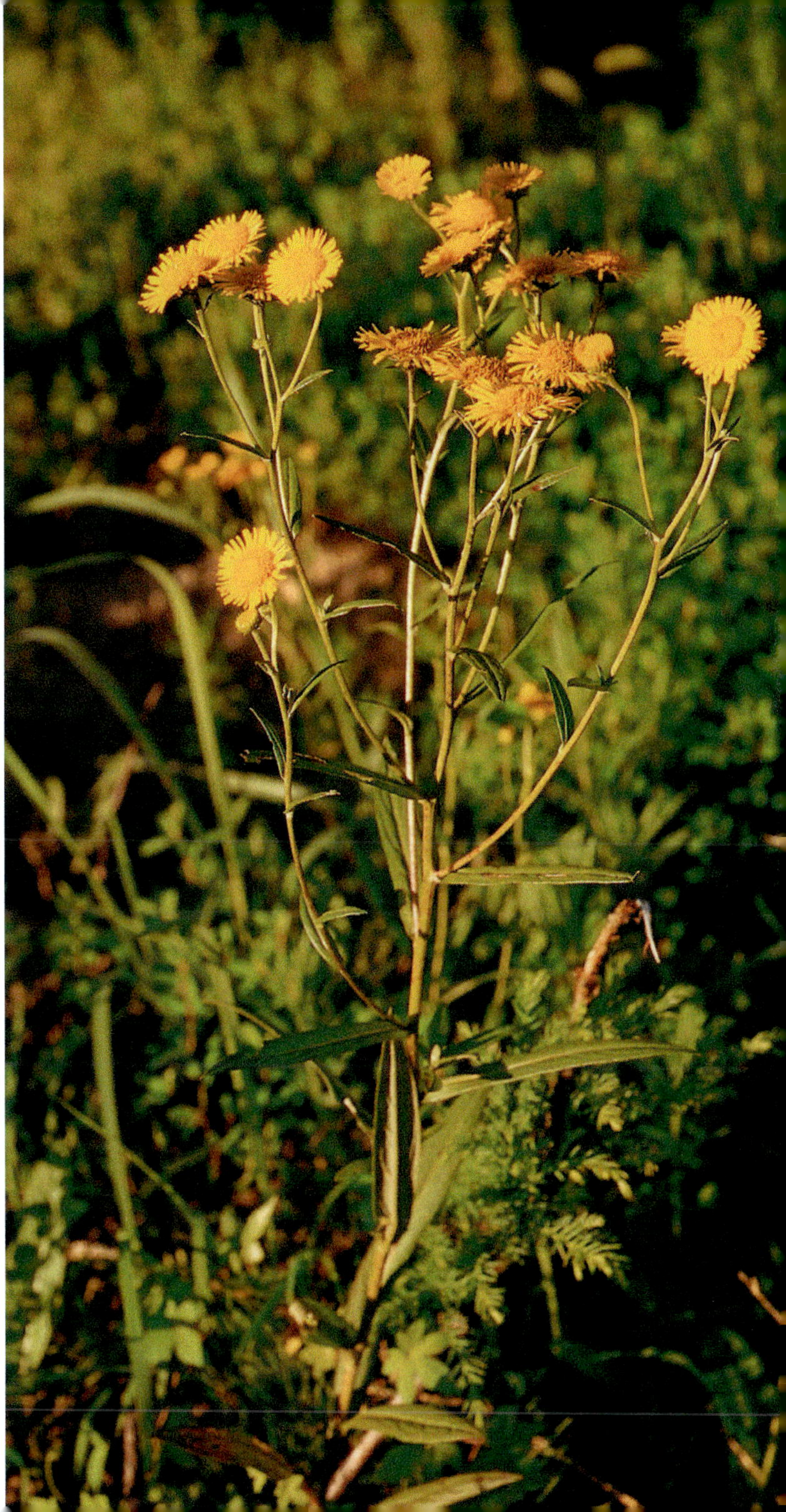

가지 (Egg Plant)
Solanum melongena L.

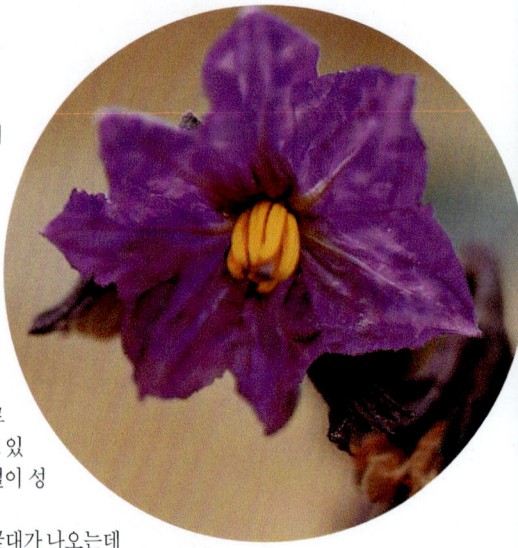

원산지는 인도이며 열대에서 난대에 걸친 세계 각지에서 널리 재배되고 있는 가지과에 속하는 중요한 야채이다. 열대에서는 여러해살이 풀이지만 우리나라에서는 1년생이다.

줄기는 곧추 자라 60 내지 100센티미터에 이르고 위에서 가지가 갈라지며 회색의 면모가 있고 간혹 작은 가시가 있으며 자주색을 띠기도 한다. 잎은 어긋나고 일그러진 달걀 모양의 타원형으로 길이 15 내지 35센티미터이고 끝이 뾰족하거나 둔하고 밑은 좌우가 서로 다르며 가장자리는 밋밋하나 작은 물결 모양인 것도 있다. 잎자루는 잎 길이의 3분의 1 정도로 가는 털이 성기게 나 있다.

6월에서 9월 사이에 마디와 마디의 중간에서 꽃대가 나오는데 이는 잎겨드랑이에서 나온 꽃대의 아랫부분이 줄기와 합쳐진 것이다. 꽃대에는 보통 보라색 꽃이 하나 달리지만 품종에 따라 2, 3개 달리는 것도 있다. 꽃받침은 5개로 자주색이며 불규칙하게 깊게 갈라지고 열편은 서로 다르며 끝이 뾰족하고 가는 털이 드문드문 있다. 꽃부리는 지름 3센티미터 정도의 얕은 술잔 모양으로 끝이 5개로 갈라져 수평으로 펴진다. 수술은 5개이고 꽃밥은 노랑색이다.

한 꽃차례에 2개 이상의 꽃이 피어도 보통 맨 밑의 하나만이 열매가 되는데 품종에 따라 모두 열매가 되기도 한다. 흔히 보는 열매는 짙은 자주색이나 열대에서는 녹색, 황색의 품종도 있고 모양도 다양하여 보통은 난형 또는 타원형이지만 구형인 것도 있다.

주로 나물로 먹으며 줄기나 잎을 짓이겨서 동상이나 여드름의 치료제로 환부에 바른다.

염색 보통 가지과의 식물은 보기보다는 색이 짙지 않아서 염료 식물로 쓰이지 않는다. 그러나 10월 강진군 성전의 농가 앞마당에 심겨진 가지의 너무도 짙은 흑자색에 끌려서 잎을 따 모았다. 믹서에 간 다음 20분간 끓여서 염액을 만들었다. 염액은 그다지 짙지 않으나 매염제에 의한 색의 변화는 뚜렷하다.

| 잎/열매 | 동(잎) | 철(열매) |

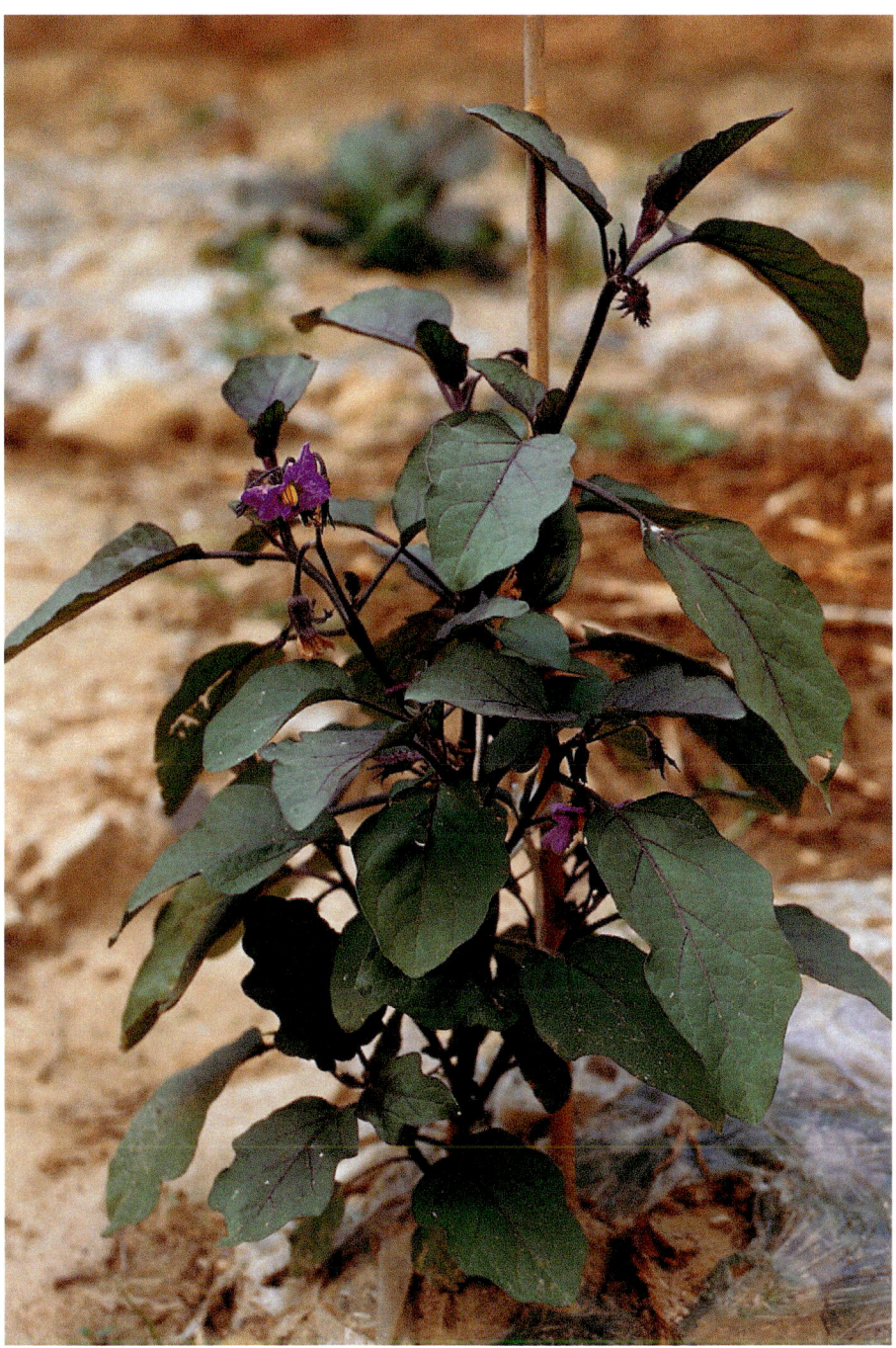

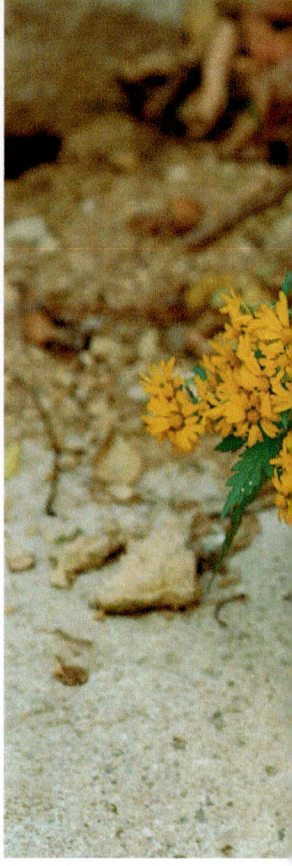

감국(Chinese Chrysanthemum, 野菊)
Chrysanthemum indicum L.

우리나라의 산야와 중국 동북 지방, 일본 남부 지방에 분포하는 국화과의 여러해살이풀로 약간 건조한 산기슭이나 둑, 들판의 길가에 모여 자란다. 줄기의 아래는 옆으로 누워 땅에 닿으나 중앙 이상이 곧추 자라 1 내지 1.5미터에 이르고 가지가 많이 갈라지며 흰색 털이 많다. 잎은 어긋나고 줄기 아래의 잎은 꽃이 필 무렵에 말라 버린다. 잎몸은 국화 잎과 비슷하나 보다 얇으며 타원형의 달걀 모양이고 우상(羽狀)으로 깊게 갈라지는데, 열편은 타원형으로 끝이 둔하고 가장자리에 뾰족한 결각상 톱니가 있다. 잎밑은 수평이거나 약간 심장형이고 윗면은 짙은 녹색으로 털이 약간 있고 아랫면은 옅은 녹색으로 T자 모양의 털이 있으며 잎자루는 길이 1 내지 2센티미터이다.

9월에서 11월에 윗부분이 많이 갈라져서 끝에 지름 1.5센티미터 안팎의 노랑색 두상화가 산방상으로 달리는데 두상화는 서로 가깝게 밀집하여 한 평면상에 동그스름하게 배열한다. 총포는 길이 4밀리미터, 지름 8밀리미터의 반구형이고 총포편은 3, 4줄로 정연하게 배열하는데 외편은 선형이고 내편은 긴 타원형이며 겉에 털이 있고 가장자리가 건막질이다. 두상화는 통상화 주변에 설상화가 배열하는데 통상화는 끝이 5개로 갈라지고 설상화는 길이 5 내지 7밀리미터로 노랑색인데 드물게 흰색도 있다.

열매는 수과로서 길이 1밀리미터 정도이다.

집에서 많이 재배하는 국화의 원종으로 관상용으로 재배하기도 하고 민간에서는 위병을 다스리는 데에 잎을 쓰고 중국에서는 조갈증에 이용하기도 한다.

염색 볕이 잘 드는 들판에 자라는 감국은 흔히 들국화로 불리며 늦여름부터 진노랑색 꽃을 피운다. 10월 무등산 중턱의 풍암저수지 주변에서 잎과 꽃을 포함한 줄기 윗부분을 채집하였다. 식물체에 국화나 쑥과 같은 향이 있어서 채집하는 동안 내내 향이 났다. 잘게 썰어 끓여서 염액을 만드는데 바닥에 뿌연 앙금이 가라앉았다. 염색할 때 좋지 않은 냄새가 나며 끓일 때에 더욱 심하다. 비교적 천에 물이 잘 드는 식물로 매염제에 대한 반응도 좋은 편이다.

| 감국 | 동 | 철 |

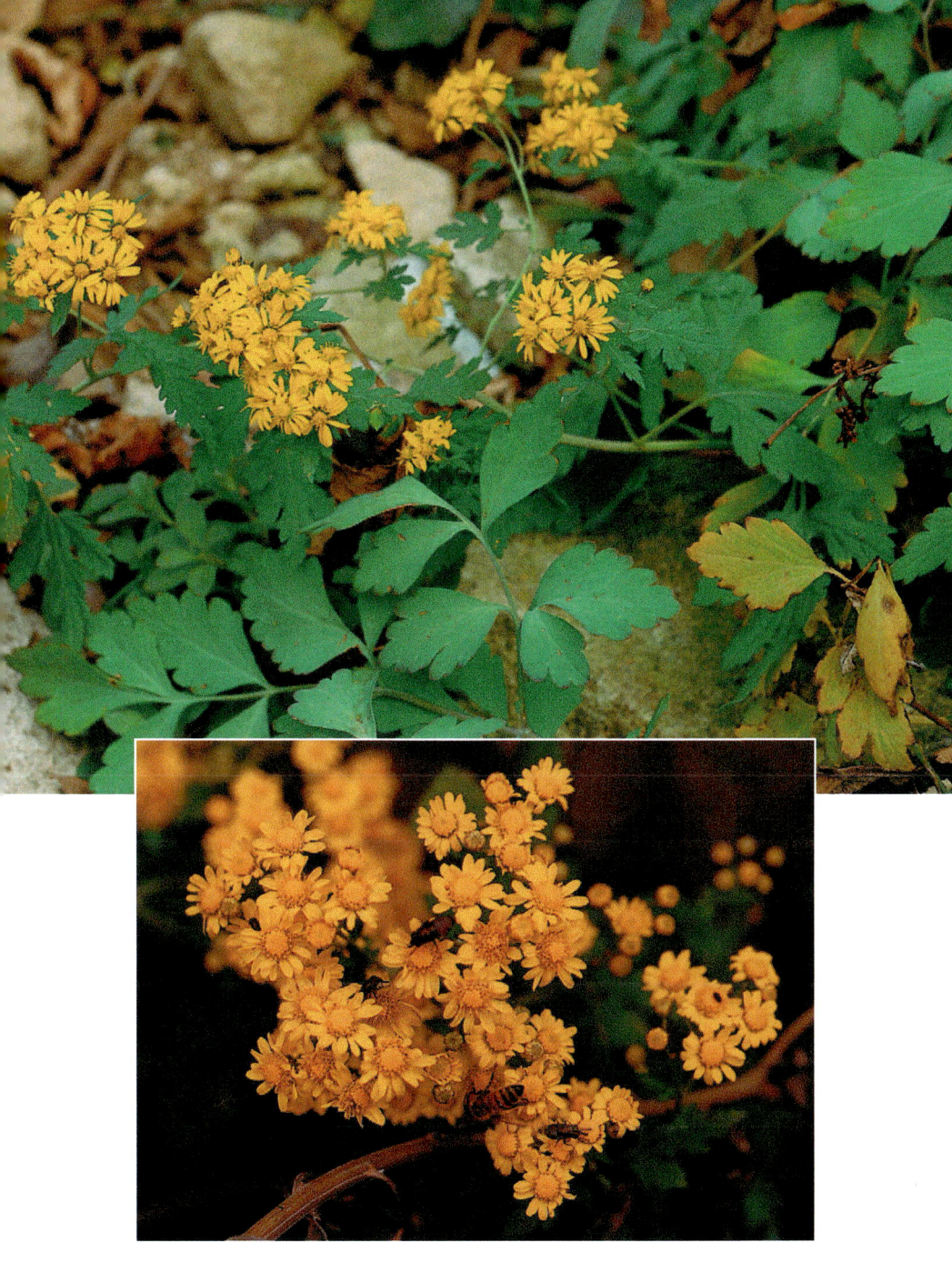

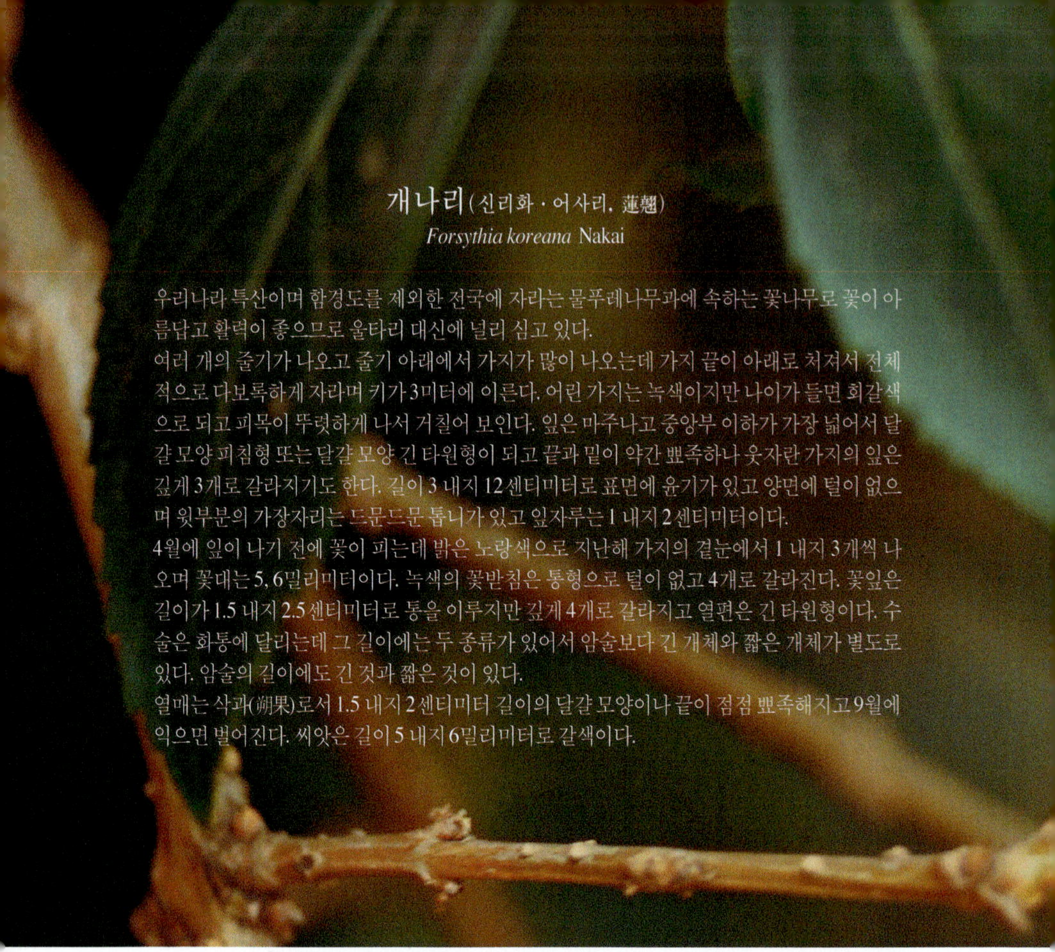

개나리 (신리화 · 어사리, 蓮翹)

Forsythia koreana Nakai

우리나라 특산이며 함경도를 제외한 전국에 자라는 물푸레나무과에 속하는 꽃나무로 꽃이 아
름답고 활력이 좋으므로 울타리 대신에 널리 심고 있다.
여러 개의 줄기가 나오고 줄기 아래에서 가지가 많이 나오는데 가지 끝이 아래로 처져서 전체
적으로 다보록하게 자라며 키가 3미터에 이른다. 어린 가지는 녹색이지만 나이가 들면 회갈색
으로 되고 피목이 뚜렷하게 나서 거칠어 보인다. 잎은 마주나고 중앙부 이하가 가장 넓어서 달
걀 모양 피침형 또는 달걀 모양 긴 타원형이 되고 끝과 밑이 약간 뾰족하나 웃자란 가지의 잎은
깊게 3개로 갈라지기도 한다. 길이 3 내지 12센티미터로 표면에 윤기가 있고 양면에 털이 없으
며 윗부분의 가장자리는 드문드문 톱니가 있고 잎자루는 1 내지 2센티미터이다.
4월에 잎이 나기 전에 꽃이 피는데 밝은 노랑색으로 지난해 가지의 곁눈에서 1 내지 3개씩 나
오며 꽃대는 5, 6밀리미터이다. 녹색의 꽃받침은 통형으로 털이 없고 4개로 갈라진다. 꽃잎은
길이가 1.5 내지 2.5센티미터로 통을 이루지만 깊게 4개로 갈라지고 열편은 긴 타원형이다. 수
술은 화통에 달리는데 그 길이에는 두 종류가 있어서 암술보다 긴 개체와 짧은 개체가 별도로
있다. 암술의 길이에도 긴 것과 짧은 것이 있다.
열매는 삭과(蒴果)로서 1.5 내지 2센티미터 길이의 달걀 모양이나 끝이 점점 뾰족해지고 9월에
익으면 벌어진다. 씨앗은 길이 5 내지 6밀리미터로 갈색이다.

염색 11월 전남대학 구내에서 채집하였다. 이듬해 5월 꽃이 지기 시작한 개체의 줄기에서 잎
을 훑어내 사용하였다. 추출된 염료는 탁한 미색으로 뿌연 침전물이 생긴다. 이는 염색 도중
얼룩지게 하는 원인이 되므로 다른 식물에 비해 특히 주의하여야 한다. 봄보다 가을에 채취한
것의 색상이 짙으며 반복 염색하여 짙은 색을 얻었다. 주변에서 쉽게 구할 수 있고 매염제를
쓰지 않고도 짙은 색을 얻을 수 있는 좋은 염료이다.

| 잎 | 동 | 철 |

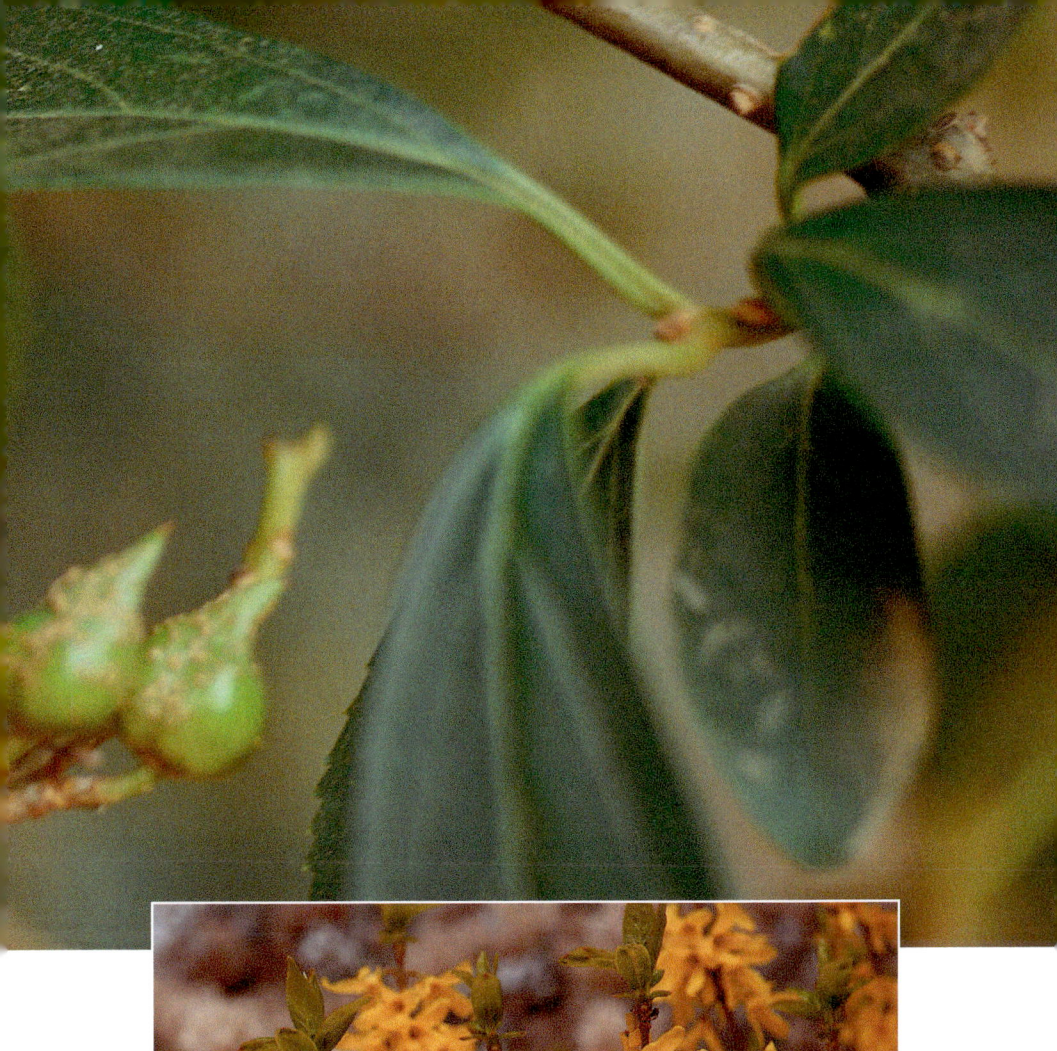

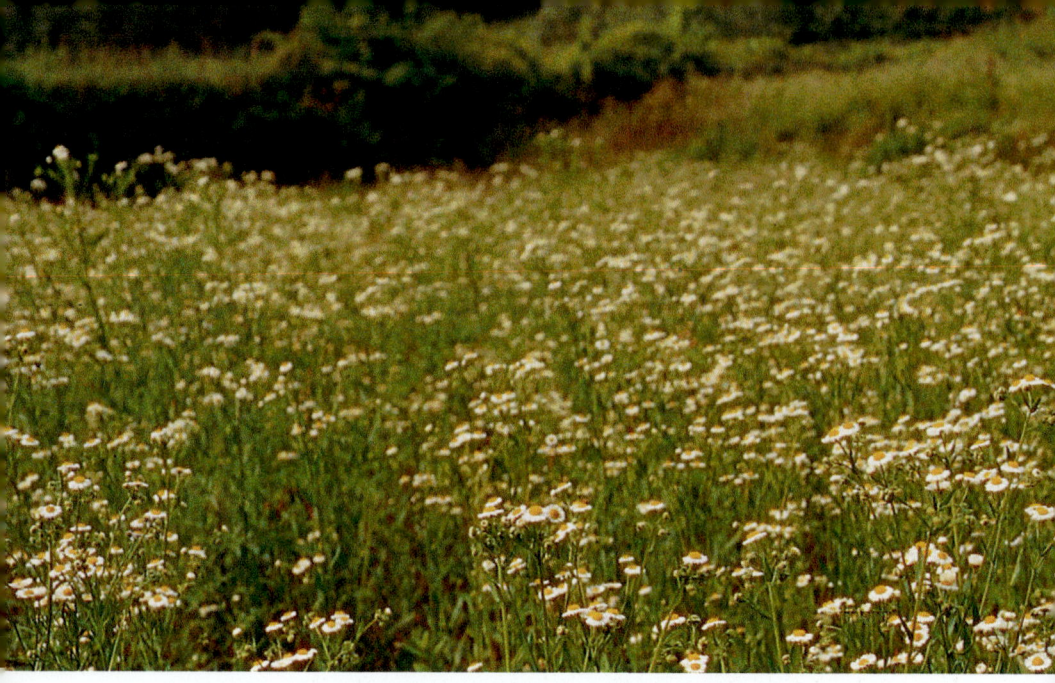

개망초(왜풀, American Fleabane, 一年逢)
Erigeron annuus (L.) Pers.

북아메리카 원산으로 전세계의 온대 지방에 널리 귀화한 국화과의 1년생 또는 2년생 식물이다. 우리나라에서는 전국에 걸쳐서 시가지, 농촌의 빈터뿐만 아니라 산악지의 숲길, 등산로 주변까지 널리 퍼져 있다.

줄기는 30 내지 100센티미터에 이르고 연두색에 가까운 옅은 녹색으로 전체에 거친 털이 있으며 가지가 많이 갈라지고, 줄기를 잘라 보면 중심부가 흰색의 수로 차 있다. 뿌리에 가까운 잎들은 한꺼번에 많이 모여 나서 방석 모양을 이루는데 원형에 가깝고 가장자리에는 크고 깊은 톱니가 드문드문 생기며 잎자루가 긴데 꽃이 필 때에는 말라서 없어진다. 줄기의 잎은 어긋나고 잎밑이 잎자루를 따라 흘러내려서 잎자루가 없는 것처럼 보이며 난상 피침형 또는 피침형으로 길이 4 내지 15센티미터, 너비 1.5 내지 3센티미터인데 위로 올라갈수록 좁아지며 가장자리에 톱니가 드문드문 있고 양면에 털이 있다.

꽃은 6, 7월에 피는데 원줄기와 가지의 끝에 작은 통상화와 설상화가 모여서 된 두상꽃차례(두화)가 달려서 전체적으로 산방상의 모양이 된다. 총포편은 선형이며 3열로 배열되어 있다. 두화는 지름 2센티미터 정도로 끝이 5개로 갈라진 노랑색 통상화들의 주변에 백색이나 자주색의 설상화가 100개 안팎 달린다. 통상화는 양성으로 자방의 윗부분에 긴 관모가 있으나 설상화는 길이 7 내지 8밀리미터, 너비 1밀리미터 정도로 암술만 있고 자방의 관모는 매우 짧다.

열매는 수과로서 작고 가벼워 바람에 멀리 날리게 되어 빈터만 있으면 곧 발아하기 때문에 번식력이 매우 왕성하다.

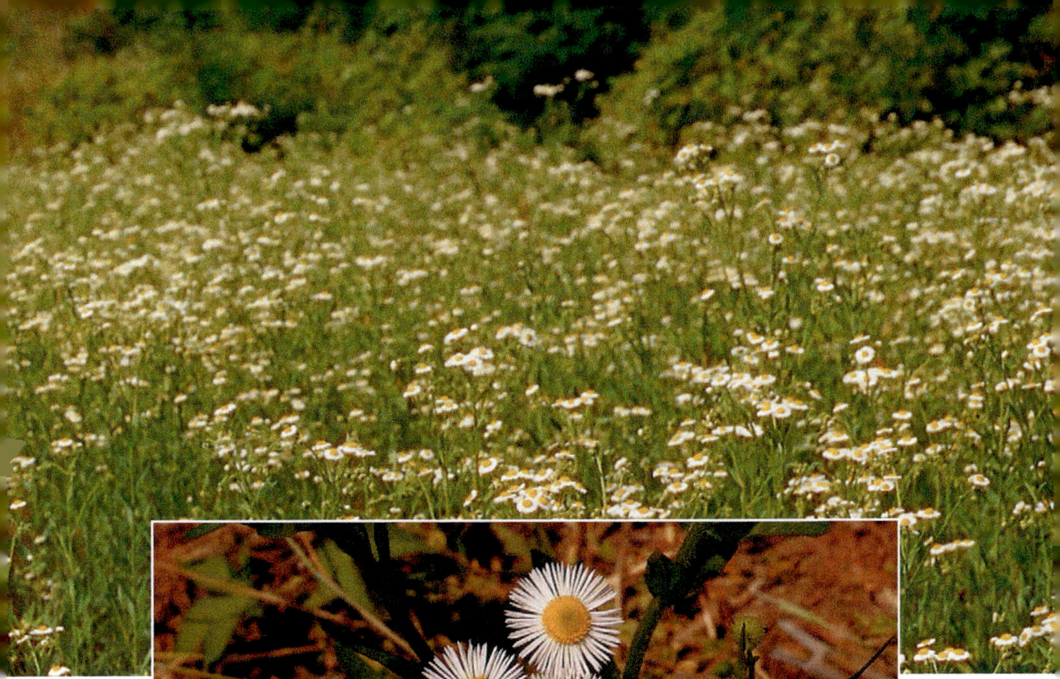

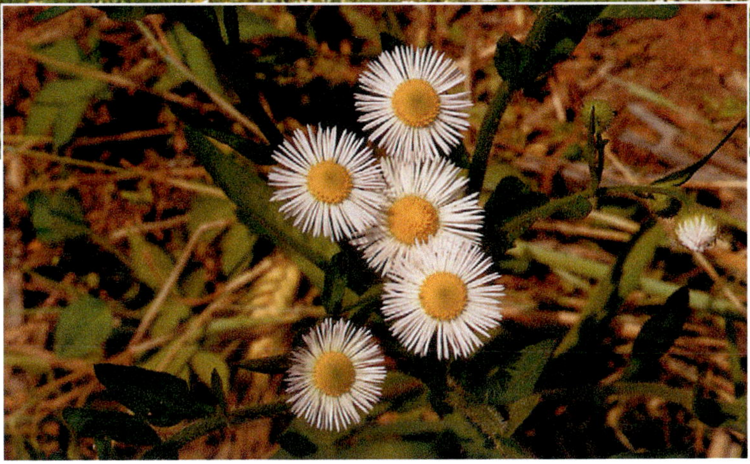

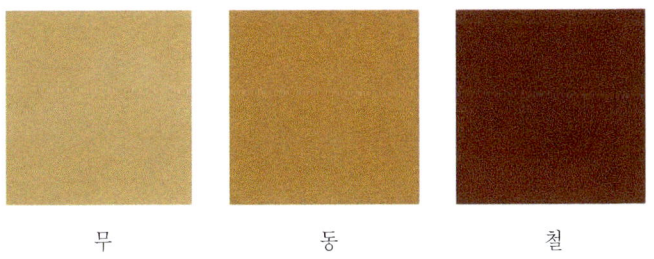

염색 빈터에 무리지어 자라는 잡초이지만 어디에서 나오나 싶을 정도로 고운 색을 낸다. 적은 양으로도 물이 잘 들고 매염제에 대한 반응이 좋아서 다양한 색을 얻을 수 있다. 6월 전남대 구내에 무리지어 피어 있는 개망초의 지상부를 잘라서 흰 꽃과 함께 잘게 썰어 염액을 추출하였다. 어디에나 흔한 식물이므로 많은 양을 이용하면 짙은 색을 얻을 수 있다.

무   동   철

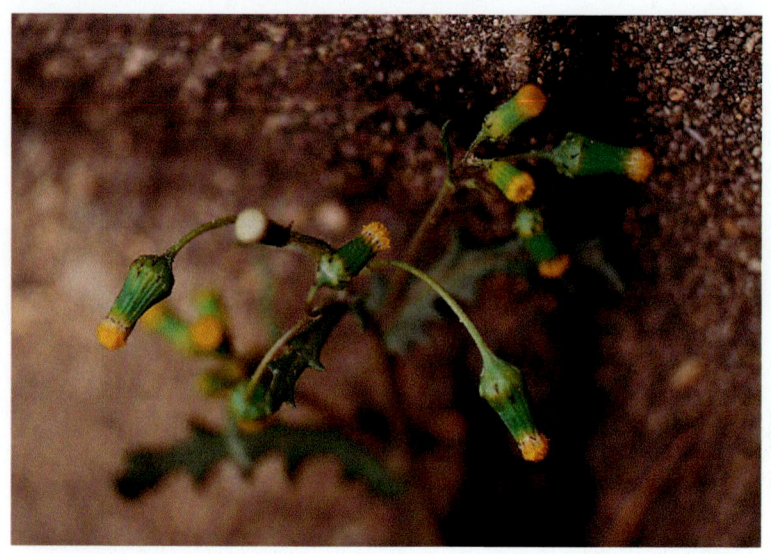

개쑥갓(Groundsel, 歐洲千里光)
Senecio vulgaris L.

유럽 원산의 1년생 귀화 식물로 길가나 경작지 주변, 도심의 하천변 등 인가 주변의 빈터에서 흔히 자라며 국화과에 속한다. 개쑥갓은 번식력이 대단히 왕성하여 밀생하며 작은 군락을 이루기도 한다.

줄기는 부드럽고 통통하며 곧추 자라 10 내지 40센티미터에 이르고 가지가 많이 갈라지며 붉은 자주색을 띤다. 잎은 어긋나고 불규칙하게 우상으로 갈라지며 열편의 가장자리에는 불규칙한 톱니가 있다. 줄기 아래의 잎에는 잎자루가 있으나 위로 갈수록 작아져 윗부분의 잎은 잎자루가 없고 줄기를 약간 감싼다. 잎몸은 줄기 중앙부에서 길이 3 내지 5센티미터, 너비 1 내지 2.5센티미터로서 부드럽고 통통하며 털이 없거나 조금 있는 정도이다.

꽃은 봄에서 여름에 걸쳐 많이 피지만 연중 볼 수 있으며 원줄기와 가지 끝에 두상화가 생겨서 전체적으로 산방상이 된다. 두상화는 황색의 통상화로 이루어지나 이따금 주변에 설상화가 생기기도 한다. 총포는 원주형의 통 모양으로 길이 7밀리미터 정도이고 끝이 약간 좁아진다. 총포편은 매우 짧은 외포편과 긴 내포편으로 이루어진다. 통상화는 윗부분의 넓은 통부와 아랫부분의 좁은 통부로 되는데 끝이 5개로 갈라지며 둘로 갈라진 암술머리에는 작은 돌기가 많고 자방에 약간 털이 있다.

열매는 수과로 길이 방향으로 골이 많고 털이 없다. 관모는 눈처럼 새하얀색이어서 금방 눈에 띈다. 열매가 익으면 부서지듯이 떨어져 나간다.

염색 11월에 광주 도심에 있는 광주천변의 오랜 가뭄 끝에 군데군데 새까만 하상이 드러나 있는 지저분한 곳에 개쑥갓이 무리지어 피어 있었다. 너무도 무성하게 자라 있어서 더러움도 잊고 줄기째 채집하였다. 다른 때보다 몇 배나 깨끗이 씻어서 믹서에 넣어 간 다음 끓여서 염액을 얻었다. 의외로 짙게 물들여졌으며 매염제, 특히 동에 대한 반응이 뛰어나서 다양한 색을 얻을 수 있었다.

무

동

철

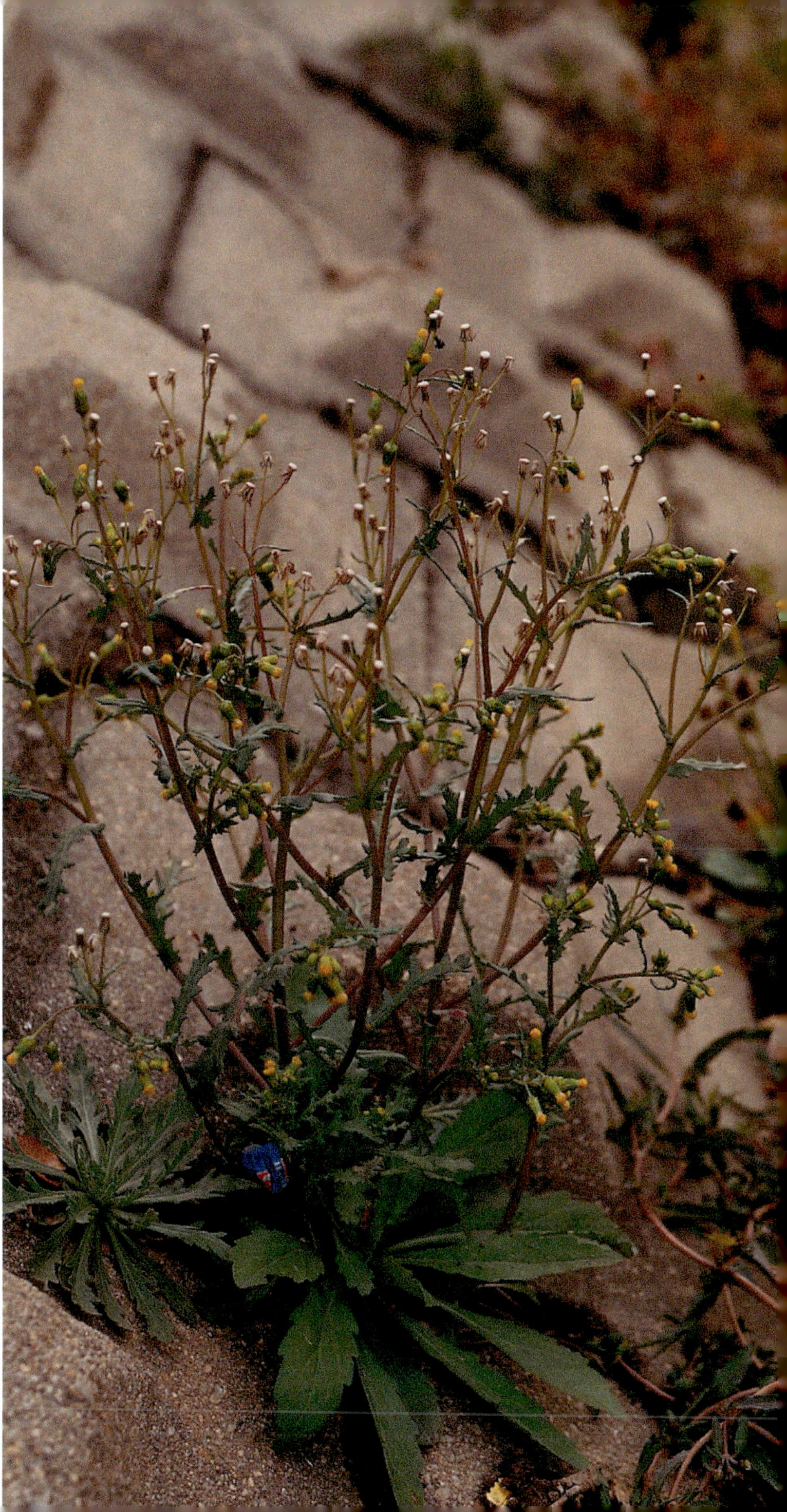

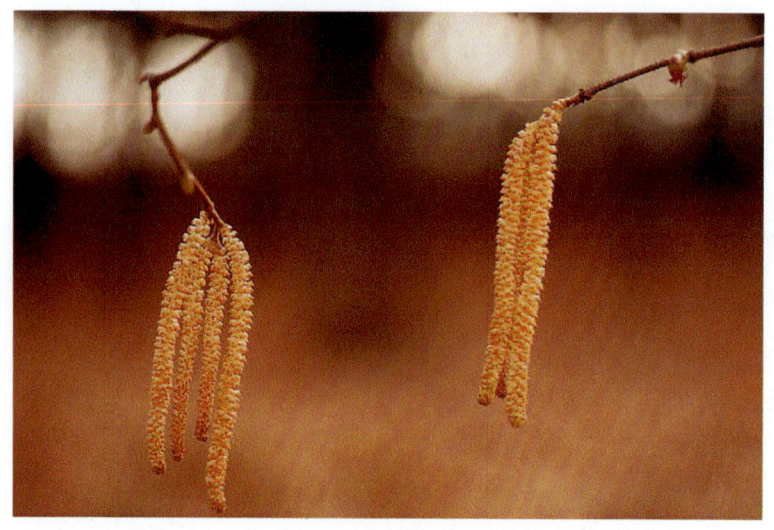

개암나무(Japanese Hazel, 榛)
Corylus heterophylla var. *thunbergii* Bl.

우리나라와 중국, 일본, 시베리아 동부에 분포하며 양지바른 산이나 들에서 흔히 자라는 자작나무과의 낙엽 지는 작은키나무로 가지가 많이 갈라져서 더부룩하게 자란다.

어린 가지에는 잔털과 선모가 있고 나이 든 가지에는 피목이 뚜렷하게 생긴다. 잎은 어긋나고 달걀 모양의 원형 또는 도란형이며 길이와 너비가 5 내지 12센티미터이고 끝이 뾰족하며 밑이 둥글거나 아심장저이다. 표면에는 옅은 자주색 무늬가 있기도 하고 뒷면에는 잔털이 있으며 가장자리에는 불규칙한 결각과 작은 톱니가 있다. 잎자루는 길이 1 내지 2센티미터이다.

암꽃과 수꽃은 따로 있는데 3월에 잎눈이 피기 전에 자라 나온다. 수꽃은 여러 개가 길게 달려서 꼬리꽃차례를 이루는데 지난해 가지의 꽃눈에서 몇 개가 자라나 길게 늘어진다. 수꽃에는 화피(꽃덮이)가 없고 포엽으로 싸여 있으며 4 내지 8개의 수술이 있다. 암꽃은 새 가지의 끝에 몇 개가 달려서 작은 꽃차례를 이루지만 긴 타원형으로 수꽃차례처럼 길게 자라지는 않는다. 암꽃에도 화피가 없고 포엽 사이로 붉은 암술대만이 보인다.

수정되어 열매가 자라면 2장의 포가 잎처럼 자라나 열매의 중간 이하를 감싼다. 열매는 견과(堅果)로 둥글고 지름 15 내지 30밀리미터로 가을에 갈색으로 익으며 식용할 수 있다.

한방에서는 병을 앓고 난 뒤의 회복, 식욕 부진에 열매를 이용한다.

염색 전남대 구내에 손바닥만큼 남은 동산에는 굴참나무를 주로 한 숲이 있어서 가을이면 동네 사람들이 열매를 줍는 것을 볼 수 있다. 이 숲의 개암나무는 빛을 충분히 받지 못해서 열매를 많이 맺지는 못한다. 10월에 잎만을 따 모아서 잘게 자른 다음 30분간 끓여서 염액을 추출하였다. 붉은갈색으로 짙게 물드는 좋은 염료로 매염제에 대한 반응도 좋다. 반복 염색하여 짙은 색을 얻었다.

무

동

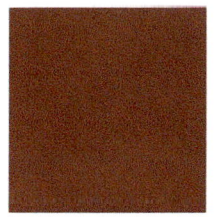

철

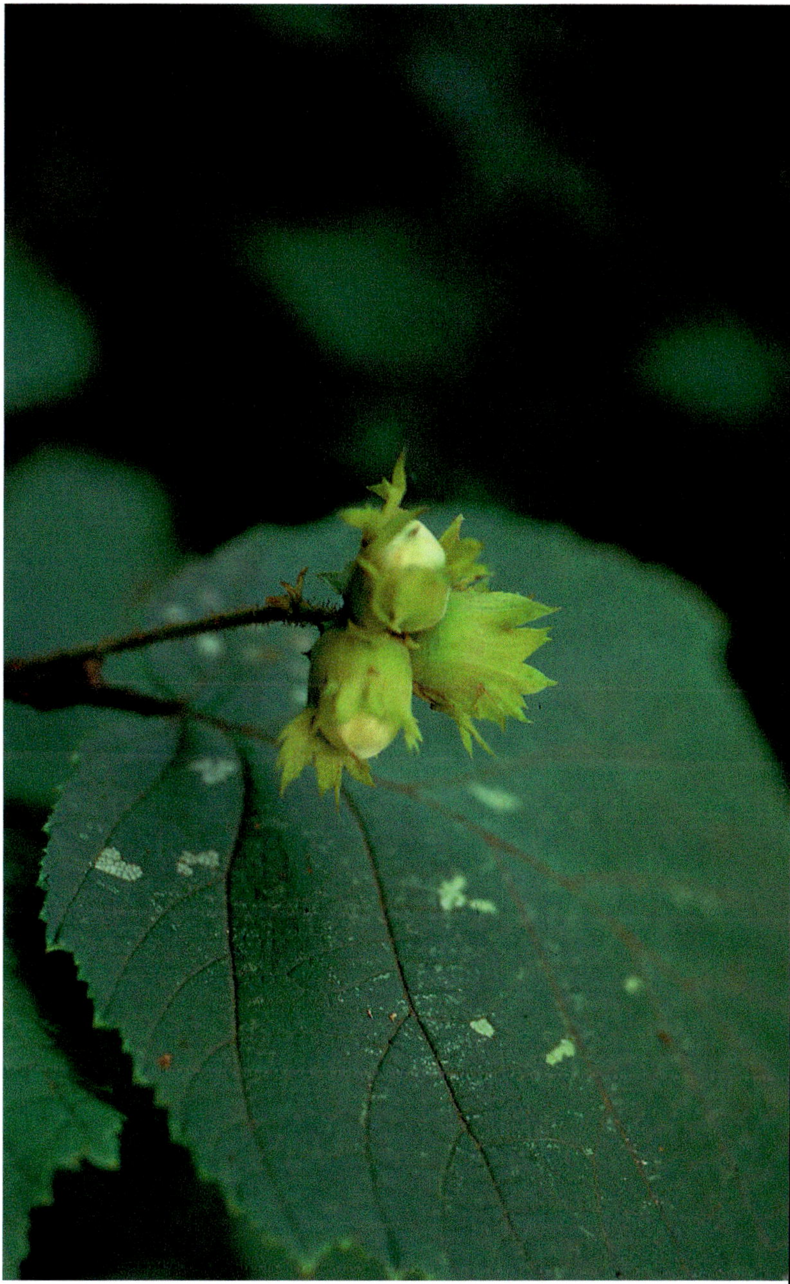

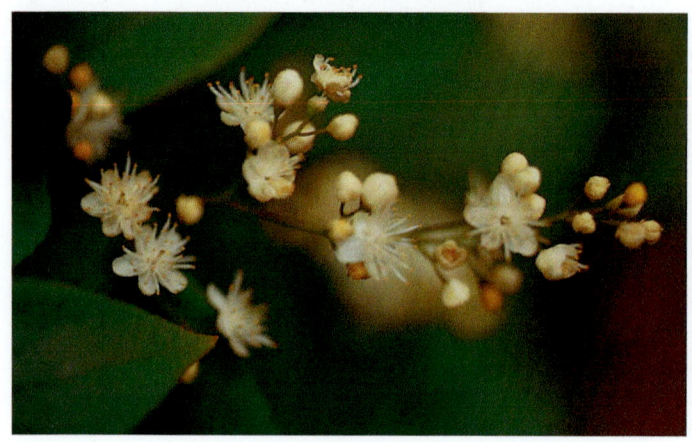

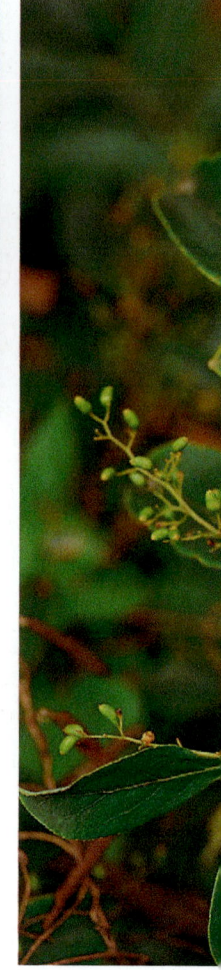

검노린재(黑實檀)
Symplocos tanakana Nakai

히말라야에서 인도차이나, 중국, 우리나라를 거쳐 일본 서부까지 분포하며 노린재
나무과에 속한다. 우리나라 남부 지방의 산이나 들에서 흔히 자라는 낙엽 지는 작은
키나무로 가지가 많이 갈라져서 더부룩하게 자란다.
어린 가지에는 잔털이 있고 나이 든 가지에는 피목이 뚜렷하게 생기며 회갈색이고
길이 방향으로 가늘게 벌어진다. 잎은 어긋나고 타원형이며 길이 3 내지 6센티미터
로 양끝이 뾰족하며 가장자리에는 안으로 뾰족하게 구부러진 톱니가 있다. 표면은
녹색이고 뒷면은 옅은 황록색이며 양면 특히 맥 위에 털이 있다. 잎자루는 5 내지 10
밀리미터이며 역시 털이 있다.
5월에 가지 윗부분에 지름 8밀리미터 안팎의 작은 꽃이 많이 달려서 원추꽃차례를
이룬다. 꽃받침은 작고 녹색으로 5개로 갈라지며 열편은 달걀 모양이고 가장자리에
털이 있다. 꽃잎은 깊게 5개로 갈라져서 녹색을 띤 흰색이고 많은 수술이 있어서 얼
핏 매화꽃처럼 보인다. 수술은 꽃잎보다 약간 길고 중앙에 하나의 암술이 있다.
열매는 핵과(核果)로서 지름 5 내지 6밀리미터의 달걀 모양으로 가을에 검정색으로
익는다. 비슷한 종으로 노린재나무(S. *chinensis* for. *pilosa*)가 있는데 이 나무는 열매
가 짙푸른색으로 익는다. 일부 도감에 검노린재의 학명을 'S. *paniculata* Miq.' 로 하고 있으나
이는 일본산 식물로 잎이나 가지에 털이 없는 별개의 종이다.

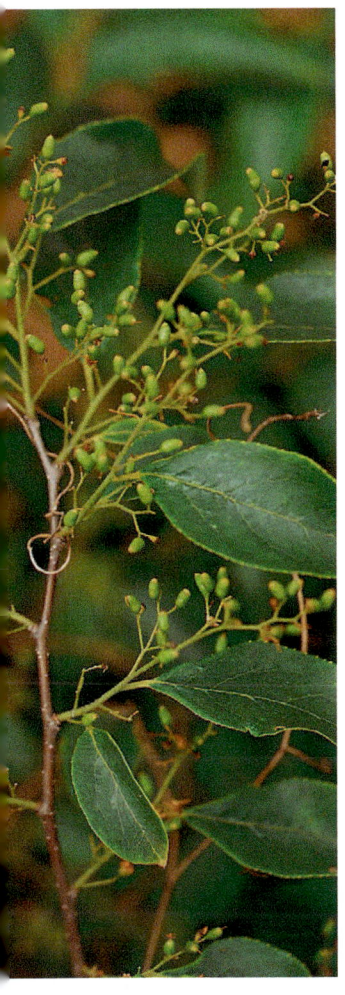

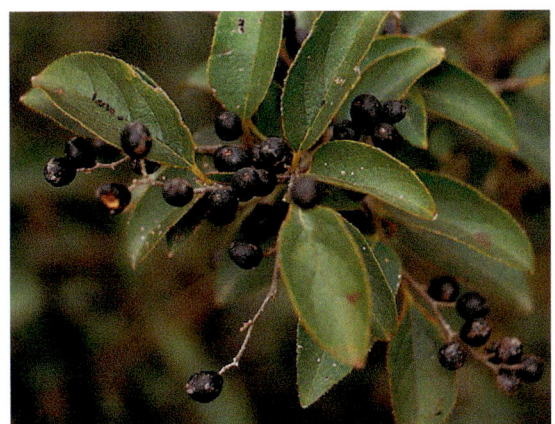

염색 예로부터 노린재나무 종류의 잎이나 가지를 태운 재에는 알루미늄 성분이 많아서 지치 염색의 매염제로 쓰였다. 10월 무등산 아래의 풍암저수지 주변에서 검게 물든 열매와 잎을 별도로 채취하였다. 열매와 잎을 각각 믹서에 갈아서 끓인 뒤 염액을 추출하였다. 열매의 염액은 뿌옇고 보랏빛을 띠고 있어서 팥물처럼 보인다. 열매와 잎에 의한 염색의 색이 서로 다르며 매염제에 대한 반응은 좋은 편으로 잎보다는 열매에서 보다 다양한 색을 얻을 수 있다.

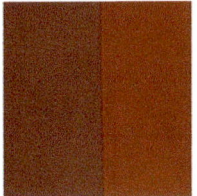

열매/잎

동(열매)

철(잎)

국수나무 (고광나무 · 뱁새더울 · 거령방이나무, 小珍珠花)
Stephanandra incisa (Thunb.) Zabel

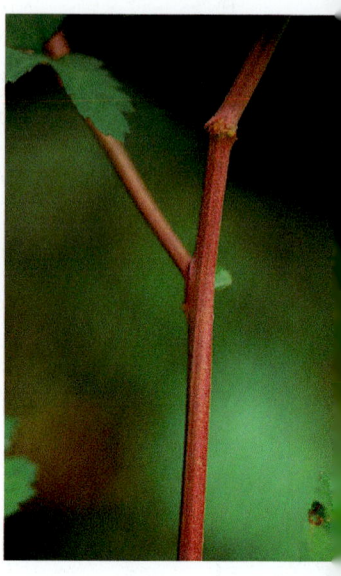

우리나라, 중국, 일본에 분포하는 장미과 식물이다. 전국의 산지에서 흔히 볼 수 있는 낙엽 지는 작은키나무로 줄기 아래에서부터 가지가 많이 나와 1 내지 2미터 높이의 덤불상으로 자라기 때문에 공원의 생울타리로 많이 심는다.

줄기는 가는 원주형으로 잘 부러지고 껍질은 주홍빛에 가까우며 가지는 흰색으로 말랑말랑하여 국수 가락 같다. 잎은 어긋나고 길이 2 내지 5센티미터, 너비 1 내지 3센티미터의 넓은 달걀 모양으로 끝이 점점 뾰족해지고 밑이 가볍게 들어가서 심장형에 가깝다. 가장자리에는 결각상의 톱니가 있고 양면과 잎자루에는 잔털이 있으며 피침형의 턱잎은 나중까지 남는다.

5월 이후 새 가지 끝에 원추꽃차례가 생겨서 작은 흰 꽃이 많이 달리는데 꽃차례 축에는 털이 있으나 작은 꽃대에는 털이 없다. 꽃은 지름 4 내지 5밀리미터이고 꽃잎은 5장으로 달걀 모양 또는 주걱 모양이고 끝이 둥글며 가장자리에 잔털이 있다. 작은 포엽이 있고 꽃받침은 넓은 종형으로 끝이 5개로 갈라지고 나중까지 남아서 열매의 아래를 감싼다. 수술은 10개이고 중앙의 암술은 1개로 자방은 공 모양이며 털이 있다.

열매는 원형 또는 도란형으로 겉에 털이 있으며 익으면 벌어진다.

염색 국수나무의 어린 줄기는 때에 따라 선홍색을 띠기도 한다. 이 색소를 이용하여 적갈색 계통으로 물들일 수 있다. 한 그루 정도 뜰에 심어 두고 이용할 만한 좋은 염료 식물이다. 6월 화순군 사평의 자연휴양림에서 국수나무의 줄기와 잎을 채집하여 잘게 자른 뒤 30분간 끓여서 염액을 얻었다. 매염에 대한 반응이 좋아서 다양한 색을 얻을 수 있으며 철에 대한 반응은 느리지만 각각의 색이 독특하여 좋다. 붉은빛을 내는 데 좋으며 반복 염색하여 짙은 색을 얻을 수 있다.

잎

동

철

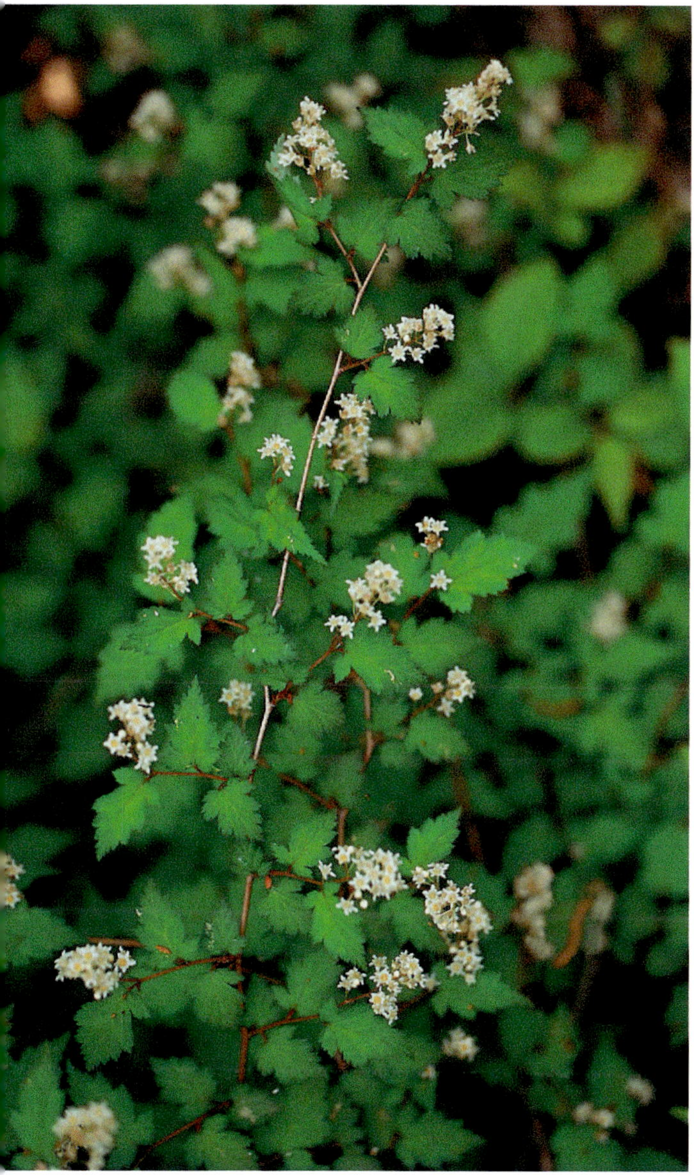

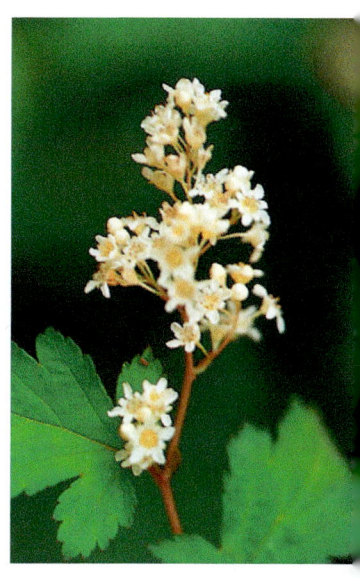

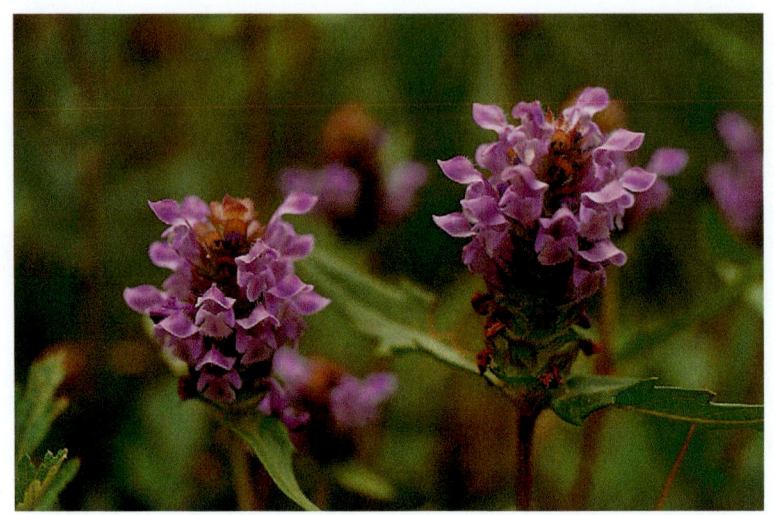

꿀풀(꿀방망이 · 가지골나물, Asian Self-Heal, 夏枯草)
Prunella vulgaris var *lilacina* Nakai

북반구 온대에 널리 분포하며 우리나라 각지의 산이나 들의 양지에 잘 자라는 꿀풀과의 여러 해살이풀이다.

식물체 전체에 하얀 털이 있고, 뿌리에서 여러 개의 줄기가 나와 곧추서거나 약간 비스듬히 자라서 10 내지 30센티미터에 이른다. 줄기에는 4개의 능각이 있어 단면이 4각형이고 가지가 갈라지기도 하며 꽃이 진 다음 기는줄기가 벋는다. 잎은 어긋나고 긴 타원상 피침형으로 길이 2 내지 5센티미터이고 가장자리가 밋밋하거나 둔한 톱니가 드문드문 있다. 잎자루는 1 내지 3센티미터인데 위로 갈수록 짧아져서 윗부분의 잎은 잎자루가 없다.

5월에서 8월경 줄기 끝에 3 내지 8센티미터 길이의 꽃술을 내어 보라색의 꽃이 다닥다닥 생긴다. 꽃술에는 일그러진 심장형으로 끝에 털이 있는 포엽이 2장씩 마주 나는데, 각 포엽의 겨드랑이에서 3개씩의 꽃이 달린다. 꽃받침은 길이 7 내지 10밀리미터의 통형으로 끝이 5개로 깊고 뾰족하게 갈라지며 잔털이 있다. 꽃은 길이 2센티미터로 겉에 흰 털이 많고 끝이 둘로 갈라진 양순형의 순형화로 윗입술은 곧추서서 마치 투구와 같고 아랫입술은 다시 3개로 갈라지는데 가운데 열편에는 톱니가 있다. 4개의 수술 가운데 2개는 다른 술보다 길다. 꽃이 진 뒤 꽃술은 흑자색으로 말라 붙는다.

열매는 길이 1.6밀리미터의 분과(分果)로서 황갈색이다. 드물게 흰색 또는 붉은색의 꽃을 갖는 개체가 있는데 이들을 각각 흰꿀풀, 붉은꿀풀이라 한다.

한방에서는 꿀풀의 꽃술을 하고초(夏枯草)라 하여 그늘에 말려서 이뇨제로 쓴다. 혈압 강하 작용이 있고 유방암 등의 종양에도 효과가 있다.

| 무 | 동 | 철 |

염색 꿀풀과의 식물은 대부분 독특한 향을 내는 허브(herb) 식물로서 좋은 염료 식물이기도
하다. 꿀풀은 아직 염료로 쓰인 적은 없지만 줄기 윗부분에 보라색이 돌기 때문에 6월 보성군
복내의 산비탈 논둑에 무리지어 핀 것을 줄기째 채집하여 이용해 보았다. 예상한 대로 물이 아
주 잘 들며 매염제에 대한 반응이 좋아서 다양하고 짙은 색을 얻을 수 있었다.

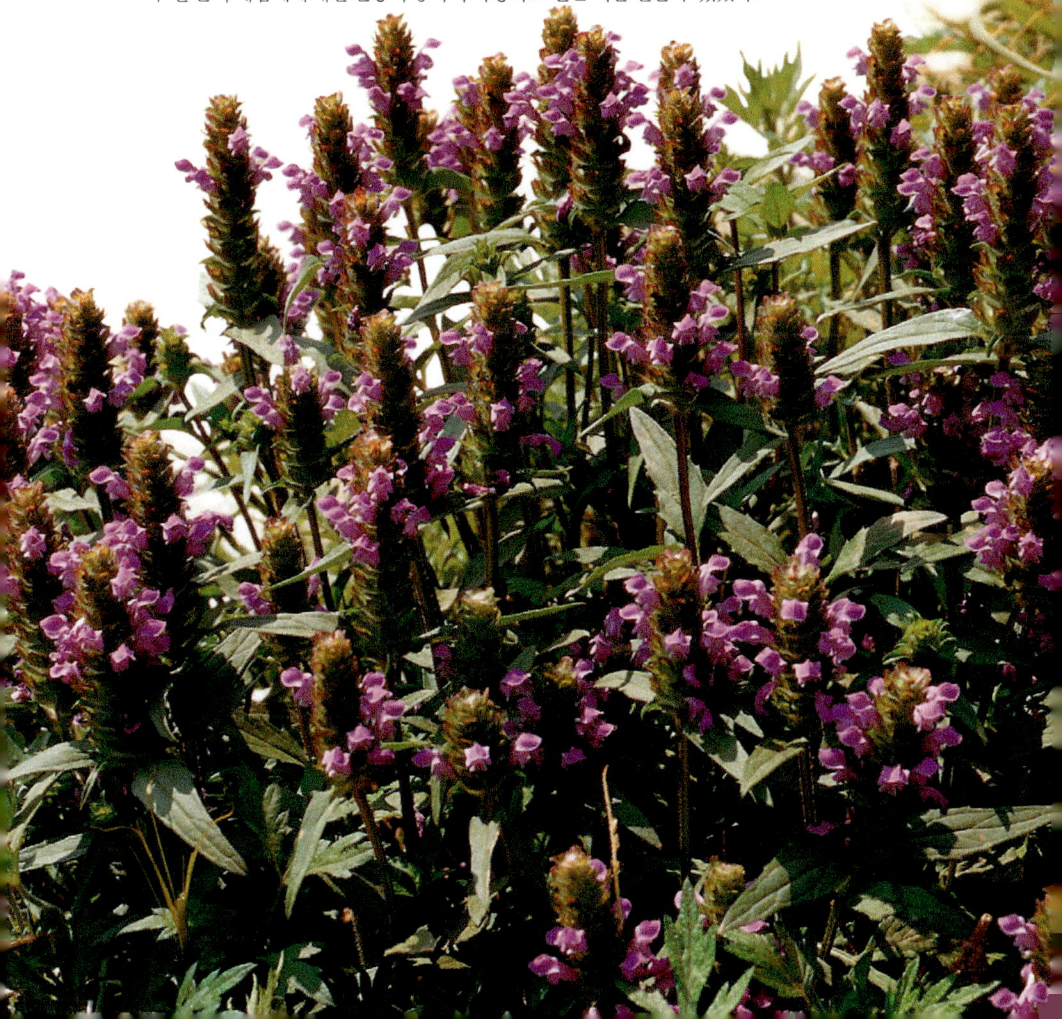

능소화(Chinese Trumpet-Creeper, 凌霄花)
Campsis grandiflora (Thunb.) K. Schum.

중국이 원산인 낙엽 지는 덩굴식물로 중부 이남에서 관상용으로 크고 화려한 꽃을 보기 위해 정원에 널리 심으며 능소화과에 속하는 식물이다.

줄기는 길이가 10미터에 달하고 아랫부분의 지름이 7센티미터 정도까지 굵어지며 군데군데에서 짧은 흡근을 내어 나무, 바위, 담장 등을 타고 올라간다. 잎은 마주나고 7 내지 9개의 소엽으로 된 기수 우상 복엽으로 길이 10 내지 20센티미터 정도로서 소엽은 길이 3 내지 6센티미터 정도의 달걀 모양 또는 달걀 모양 피침형이고 끝이 점차 뾰족해지고 양면에 털이 없으며, 가장자리에 몇 개의 큰 톱니와 털이 있다.

8, 9월경 가지 끝에 커다란 꽃이 5 내지 15개 모여 달려 아래로 처진 원추꽃차례를 이룬다. 꽃받침은 길이가 3센티미터인데 아래는 통을 이루고 중간부터 5개로 갈라져서 끝이 뾰족한 피침형의 열편을 이루고 털이 없으며 녹색이다. 꽃은 깔때기 모양의 넓은 편두형으로 끝이 둔하게 5개로 갈라져서 지며 지름 6 내지 8센티미터로서 황적색이지만 꽃잎의 겉이 안쪽보다 짙은 적색이다. 길고 짧은 수술이 각각 2개씩 4개 있는 2강웅예이다. 암술은 하나로 암술머리는 주걱 같고 2개로 나뉘어 꽃이 피면 상하로 열리는데 손으로 건드리거나 만지면 재빨리 닫힌다.

열매는 네모진 삭과로서 끝이 둔하고 2개로 갈라지며 가을에 익는다.

한방에서는 말린 꽃을 이뇨제, 통경제로 사용한다. 줄기와 뿌리에도 비슷한 효능이 있다.

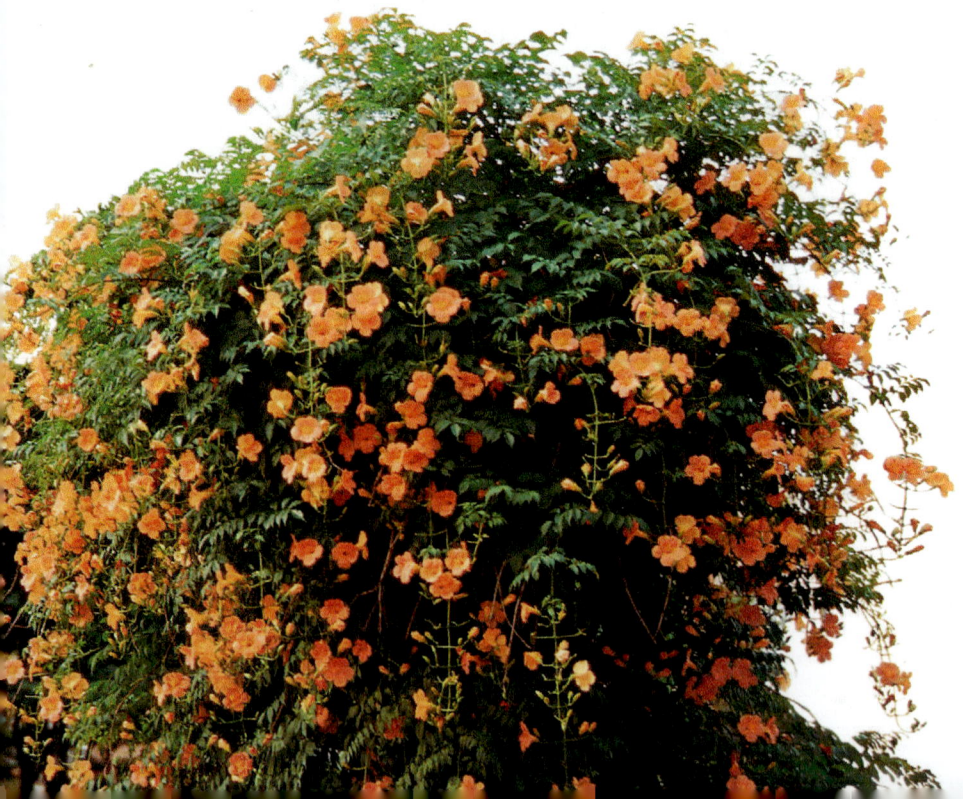

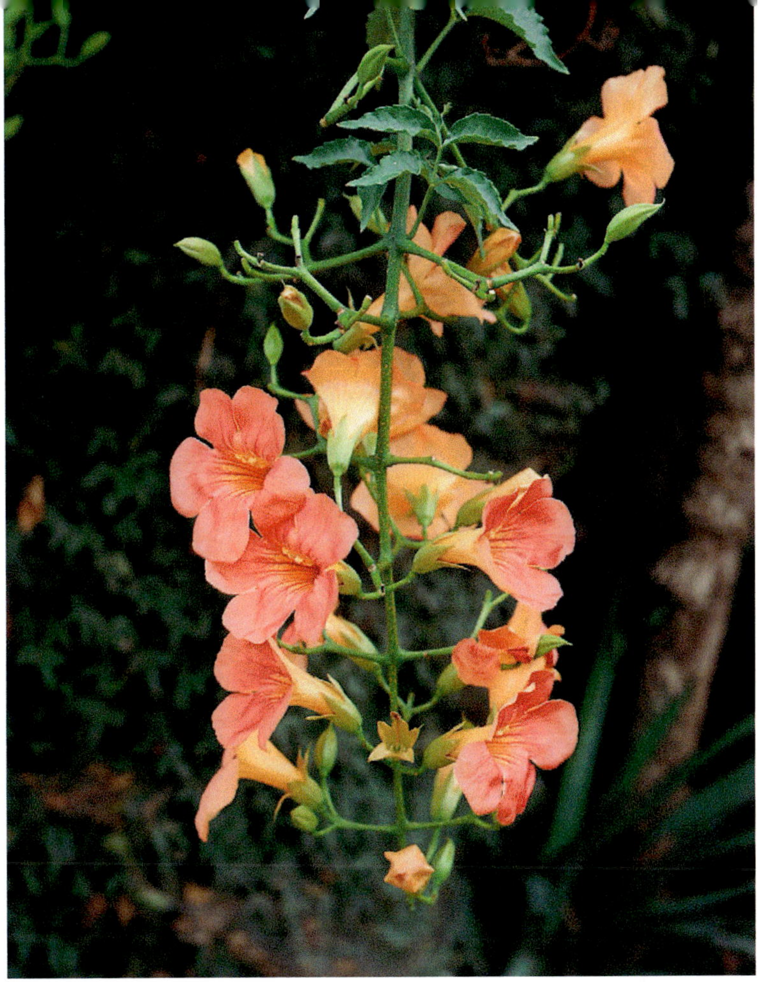

염색 능소화는 꽃이 드문 장마철에 주황색의 나팔꽃 같은 꽃을 계속해서 피운다. 웬만한 정원에는 빠짐없이 심는 덩굴식물로 염료로 쓰인 적은 없으나 시험 삼아 물들여 보았다. 8월 담장의 능소화에서 잎을 따 모아서 염액을 추출하였다. 잎에 물기가 많아 보통보다 약간 물을 적게 잡았다. 의외로 염색이 잘 되는 식물로 동과 철을 매염제로 반복 염색하여 짙은 색을 낼 수 있었다.

| 무 | 동 | 철 |

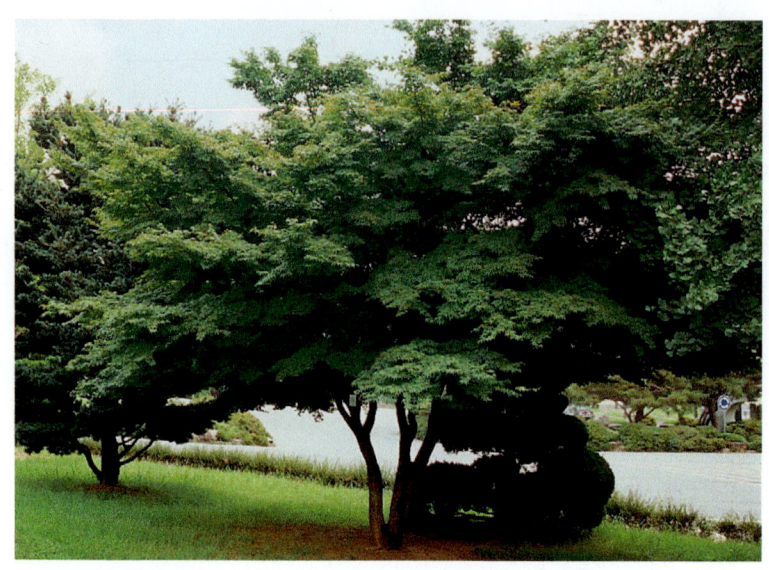

단풍나무(Japanese Maple, 掌葉槭)

Acer palmatum Thunb.

산지에서 흔히 볼 수 있는 단풍나무과의 낙엽 지는 큰키나무로서 정원이나 공원에 흔히 심고 있는 조경수이다.

키는 10미터에 이르고 어린 가지는 적갈색으로 털이 없다. 잎은 마주나고 전체적으로 둥글며 길이 5 내지 7센티미터이나 잎의 크기에는 변이가 심하며 5 내지 7개로 깊게 갈라져 손바닥 모양을 이룬다. 갈라진 열편은 달걀 모양 피침형으로 끝이 뾰족하고 가장자리에 날카로운 톱니가 있으며 어려서는 뒷면에 부드러운 털이 있으나 자라면서 없어진다. 잎자루는 3 내지 5센티미터로서 털이 없다.

5월에 잎이 피어나면서 가지 끝에 짙은 홍색의 산방상 또는 복총상화서를 만든다. 꽃받침, 꽃잎은 각각 5개인데 꽃잎이 없거나 흔적만 있는 경우도 있다. 수술은 8개인데 암술이 퇴화되어 수꽃 상태인 것과 납작한 콩팥 모양의 암술을 가진 꽃이 있다.

자방에는 털이 없으며 수정 뒤 길게 자라나 1센티미터 길이의 날개를 가진 열매가 2개 맞붙어 생긴다.

가을의 붉은 단풍을 보기 위해 널리 심어지는데 많은 원예 품종이 있고 봄부터 잎이 붉은 품종도 있다. 우리가 흔히 말하는 단풍(丹楓)은 중국의 Liquidamber 를 의미한다.

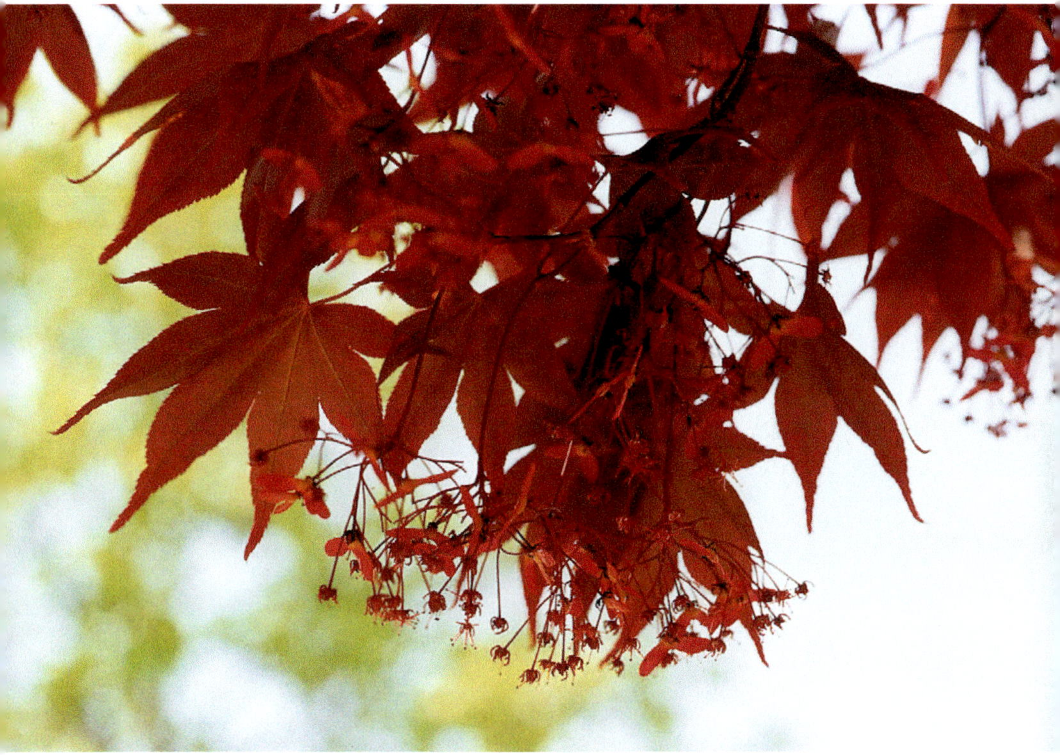

무 　　　　　　동 　　　　　　철

염색 가로수로 심겨진 단풍나무 가운데는 봄부터 잎이 붉은 것과 가을에 붉어지는 것이 있다. 5월과 6월에 무등산 산장도로 주변에서 이들 두 개체를 각각 채집하여 잘게 자른 다음 끓여서 염액을 얻었다. 얻어진 염액은 양쪽 모두 짙은 갈색으로 그다지 다르지 않았으며 얻어진 색도 거의 같았다. 짙게 잘 물드는 좋은 염료로서 매염이 잘 되며 특히 철에 대한 반응이 좋다.

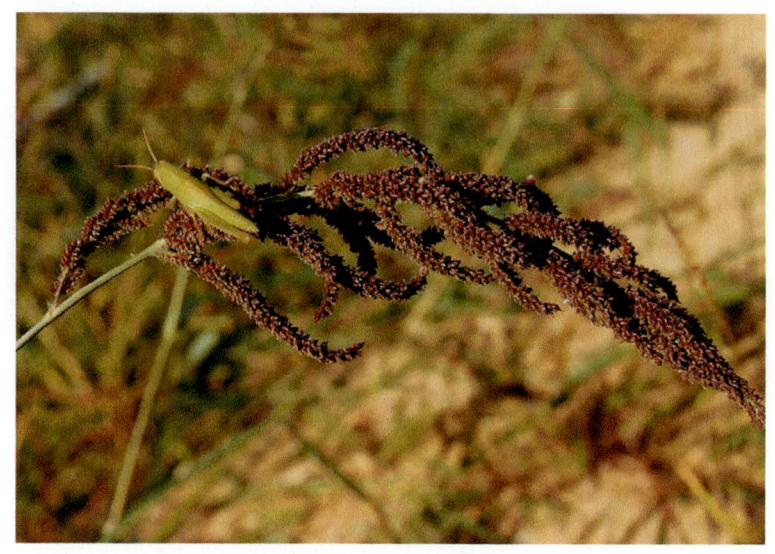

돌피 (Barnyard Millet, 野稗)
Echinochloa crus-galli (L.) Beauv.

유럽에서 동아시아에 이르는 넓은 지역에 분포하며 주로 난온대 지방을 중심으로 자라지만 열대 지방에도 있는 벼과 식물이다. 들판의 빈터, 황무지, 길가, 개울 근처의 약간 습기 있는 곳에 잘 자라며 1년생이다.

편평한 여러 대가 한꺼번에 총생하고 밑에서 가지가 갈라지고 수염뿌리가 많이 난다. 잎은 길이 30 내지 50센티미터, 너비 1 내지 2센티미터로 넓은 선형 또는 선형으로 끝이 점점 좁아져서 뾰족하고 털이 없으며 가장자리에는 매우 작은 톱니가 있다. 잎자루는 엽초가 되어 줄기를 감싸며 홍자색을 띤다.

7, 8월에 길게 자라난 줄기 끝에 원추꽃차례를 이루는데 길이가 10 내지 25센티미터이고 밑부분의 가지가 3 내지 5센티미터로 위로 갈수록 짧아지며 녹색과 자주색이 섞인 꽃이 다닥다닥 이삭 모양으로 달린다. 소수는 달걀 모양으로 길이 3 내지 4밀리미터로서 제1포영은 작고 제2포영은 소수와 길이가 비슷하며 5개의 맥이 있는데 약간 짧게 녹색 또는 자주색의 까끄라기를 가진다. 호영은 막질이고 끝에 까끄라기가 있기도 한다. 포영의 겉에는 털이 있고 제2포영과 호영은 부드럽고 윤이 나며 내영은 길이 3 내지 3.5밀리미터로 끝이 뾰족하다. 수술은 3개이고 암술은 1개이다.

열매는 영과(潁果)이며 길이 3밀리미터이다.

중부 이북 지방에서 곡식으로 재배되는 피와는 변종 관계여서 가축 사료로 이용되기도 하나 논의 잡초로 피해가 크다. 겉보기에 벼에 있는 엽설이 피에는 없기 때문에 쉽게 구별된다.

염색 좋은 염료 식물의 조건 가운데 하나가 재료가 풍부하여 쉽게 구할 수 있어야 한다는 점이다. 아무리 훌륭한 염료라고 해도 특정지에 제한되어 있는 희귀 식물이라면 이용할 수 없다. 돌피는 잡초로 들판이나 도시내 공한지에서 얼마든지 구할 수 있는 식물이다. 10월 전남대 구내 공사장 주변에 돌피 집단이 생겼다. 서투른 낫질로 한아름 베어내어 줄기, 잎, 열매를 가리지 않고 잘게 썰어서 30분간 끓였다. 기본색은 그다지 짙지 않지만 반복 염색하여 진한 색을 얻을 수 있었다.

무

동

철

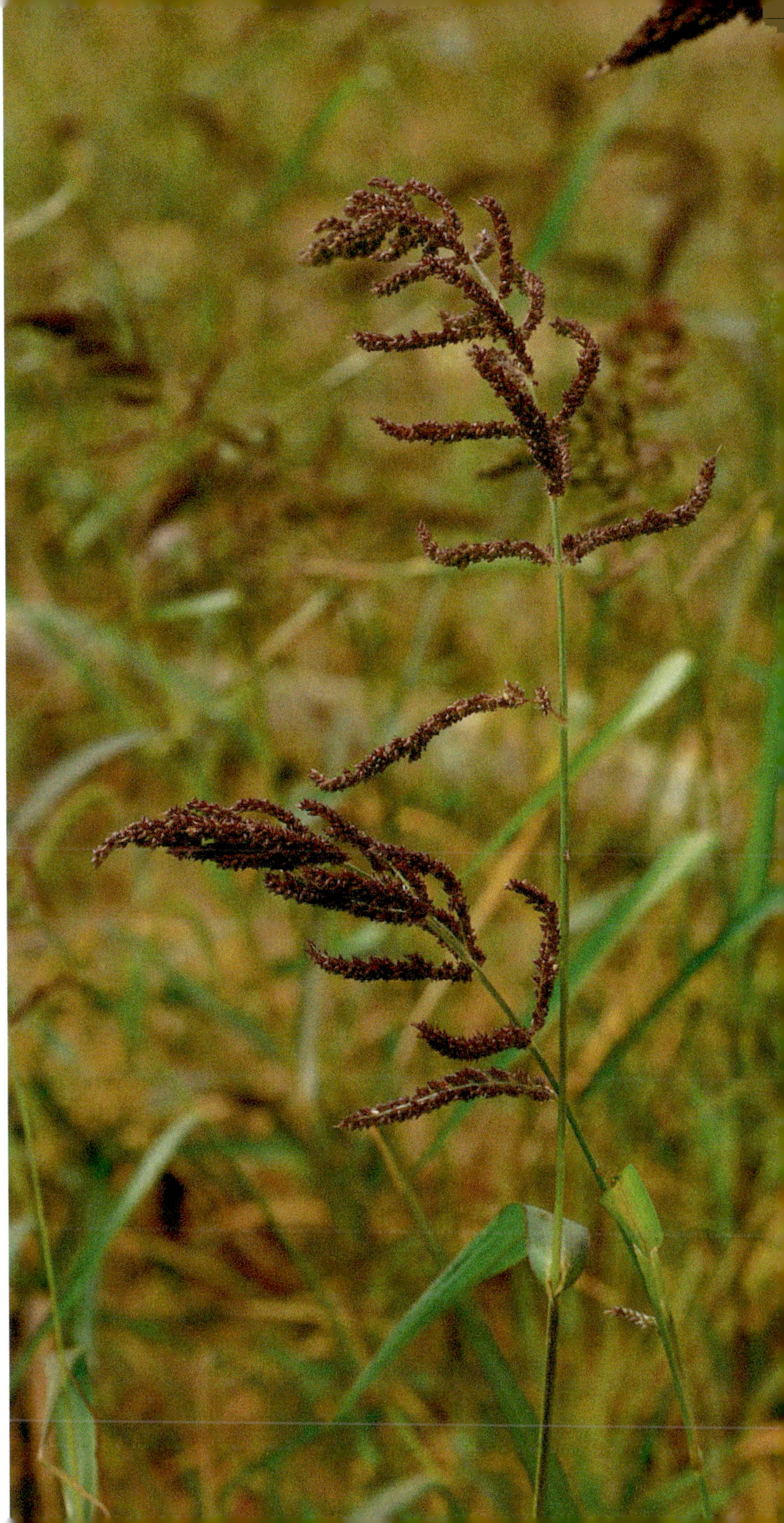

동백(Common Camellia, 冬柏木 · 山茶 · 海石榴)
Camellia japonica L.

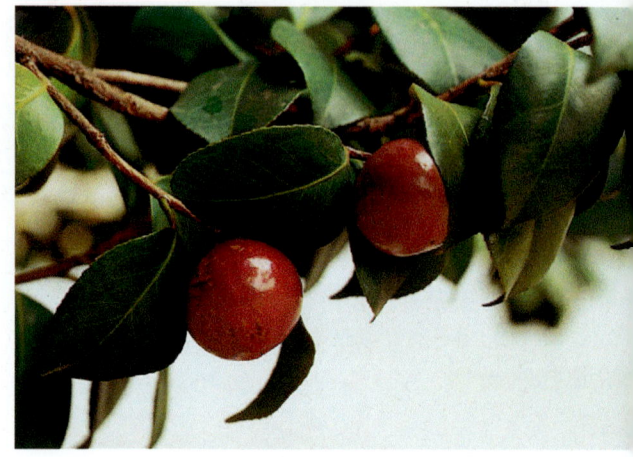

중국 남부, 타이완과 우리나라의 따뜻한 지방과 일본 남부에 분포하며 차나무과에 속한다. 우리나라에서는 제주도와 남해안 일대에 주로 자라는 늘푸른나무로 해풍에 강하여 바닷가에 큰 숲을 이루기도 한다.

흰색에서 짙은 빨강색까지의 꽃색과 꽃잎의 수 · 모양이 다른 다양한 품종이 있어서 꽃나무로 널리 이용되고 있으나 내한성이 약하여 내륙에서는 겨울을 넘기기가 힘들다. 우리나라에서는 키가 7미터 정도이지만 일본의 따뜻한 지역에서는 18미터에 이르는 큰 나무도 있다.

흔히 줄기 아래에서부터 가지가 많이 갈라져서 관목상으로 되고 껍질은 회갈색으로 매끈매끈하다. 잎은 어긋나고 타원형 또는 긴 타원형으로 끝이 점점 뾰족해지며 양면에 털이 없고 표면은 짙은 녹색으로 윤기가 있다. 뒷면은 황록색으로 가장자리에는 둔한 톱니가 드문드문 있다. 2월에서 4월에 줄기 끝에 1 내지 2개의 꽃이 달린다. 꽃대는 매우 짧고 통통하며 포와 꽃받침이 기왓장처럼 포개어 있다. 꽃잎은 5 내지 7개로 길이 3 내지 5센티미터이고 밑이 합쳐져서 화통을 이루고 화통의 아랫부분에는 꿀이 많다. 수술은 매우 많은데 밑이 합쳐져서 화통에 붙어 있기 때문에 나중에 화통과 함께 떨어진다. 수술대는 흰색이고 꽃밥은 노랑색이며 자방은 1개로 암술대가 3개로 갈라진다.

열매는 삭과로 지름 3 내지 4센티미터의 공 모양으로 3개의 방으로 나뉘어 있으며 열매껍질이 두껍고 익으면 셋으로 벌어진다. 씨앗은 크고 갈색의 씨껍질은 딱딱하고 두껍다.

씨앗에서 얻어지는 동백기름은 머릿기름, 등잔 기름, 식용으로 쓰인다.

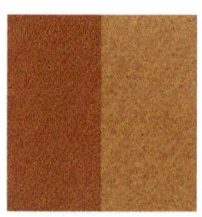

꽃/잎

동(잎)

철(잎)

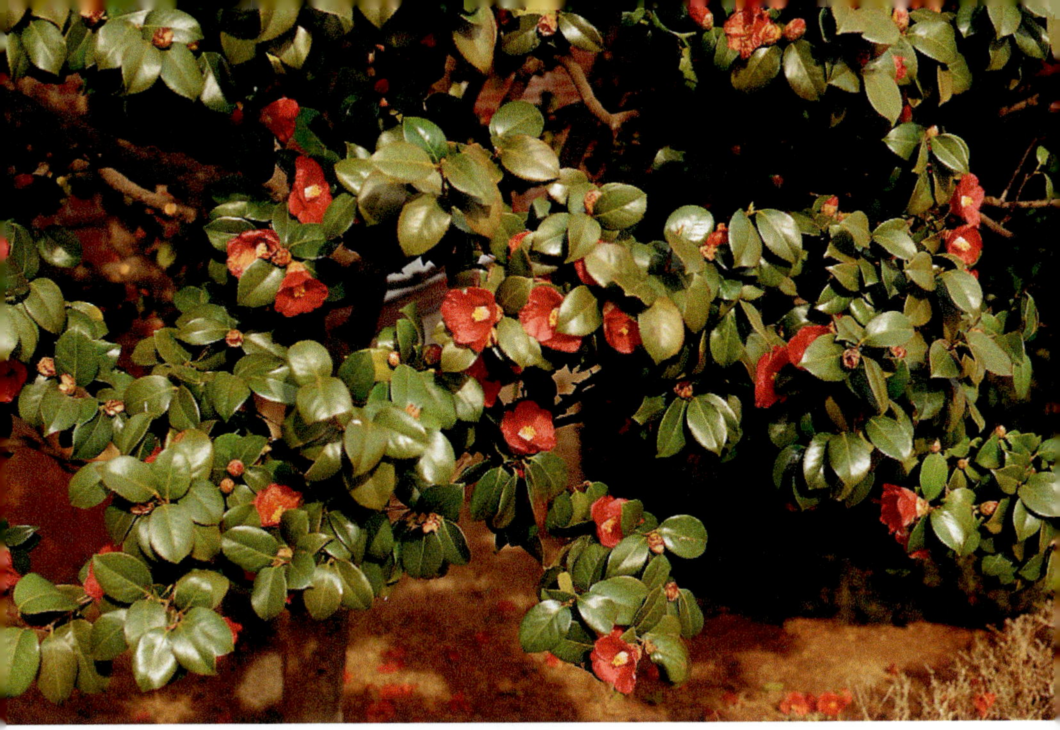

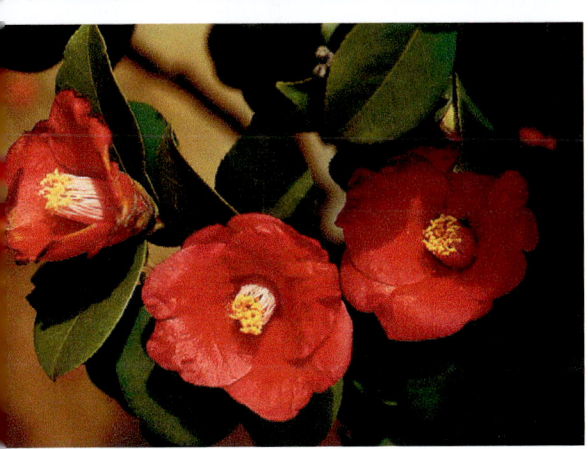

염색 동백은 염료보다는 매염제로 널리 쓰여 왔다. 지치나 꼭두서니로 물을 들일 때에는 알루미늄 매염제로서 동백잎을 태운 재를 사용한다. 동백의 잎과 꽃은 염료로 이용할 수 있다. 11월과 이듬해 4월 진남대 구내의 동백나무에서 잎을 채집하여 염액을 내어서 물을 들여 보았는데 계절에 따른 변화는 그다지 없었다. 같은 해 4월, 떨어진 꽃을 한아름 주워 모아서 염액을 만들었다. 꽃만으로도 짙게 잘 물들었으며 매염제에 대한 반응도 좋아서 다양한 색을 얻을 수 있다.

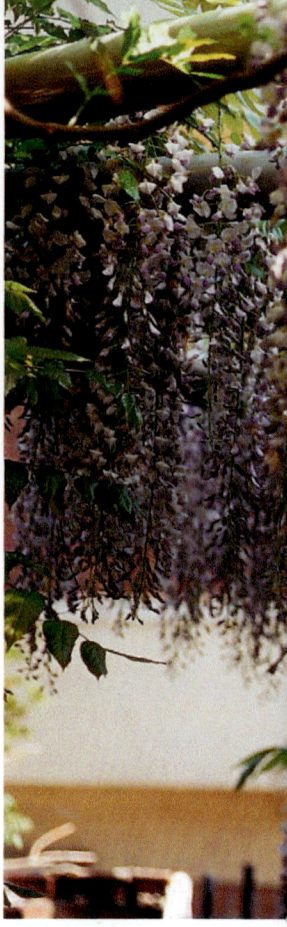

등(참등, Japanese Wistaria, 藤)
Wistaria floribunda A.P. DC.

정원에서 흔히 볼 수 있는 낙엽 지는 콩과 덩굴나무로 일본 특산이라고도 하나 속리산에 자생지가 있다고 한다.

줄기는 처음에는 풀처럼 녹색으로 연약하나 성장이 매우 빨라서 주변의 식물이나 물체를 오른쪽으로 감으며 자라서 금방 목질화하여 지름 10센티미터, 길이 10미터 정도로 뻗어 나가며 어린 가지는 밤색 또는 회색이다. 잎은 어긋나고 9 내지 19개의 소엽으로 된 기수 우상 복엽으로 길이 20 내지 30센티미터에 이른다. 소엽은 길이 4 내지 8센티미터의 난상 타원형이며 끝이 점점 뾰족해지고 밑이 둥글며 양면 특히 엽맥 위에 털이 있으나 자라면서 없어진다.

4, 5월경 가지 끝에서 나온 긴 총상꽃차례에 많은 접형화가 달린다. 꽃차례는 길이 20 내지 50센티미터이지만 원예 품종 가운데 2미터에 달하는 것도 있다. 꽃은 12 내지 20밀리미터로 연한 보라색에서 흰색까지 변이가 있고 꽃대는 꽃보다 약간 길며 잔털이 있다. 꽃받침은 통모양으로 끝이 뾰족하게 4개로 갈라지며 털이 있다.

꽃잎이 말라 떨어지면 녹색의 자방이 노출되는데 금방 자라서 10 내지 25센티미터 길이의 납작한 콩꼬투리가 된다. 꼬투리는 단단한 목질로 겉이 털로 덮여 있고 안에는 납작하고 둥근 씨앗이 몇 개 들어 있다. 겨울에 기후가 건조해지면 꼬투리가 둘로 갈라져서 씨앗이 튕겨나온다.

관상용으로 널리 기르고 있으며 줄기로는 의자나 바구니 등을 만들고 섬유를 얻기도 한다. 식물 내에 배당체인 비스타린(wistarin)을 함유하여 독성이 있으나 소량으로 복통을 다스리는 데 이용하기도 한다. 민간에서는 줄기에 생긴 혹을 말린 다음 가루로 만들어 암 치료에 이용한다.

염색 등나무는 손쉽게 구할 수 있고 적은 양으로도 짙게 염색되는 좋은 염료 식물이다. 계절에 따른 변화를 보기 위해 5월 전남대 구내의 등나무 파골라와 이듬해 10월 집 앞뜰의 등나무에서 잎을 채취하였다. 잘게 썬 다음 20분간 끓여서 얻은 염액으로 색을 내 보았다. 채취 시기에 따라 색상이 서로 달랐는데 가을의 등잎에서 붉은빛이 많았으며 봄 잎의 색상보다 짙었다. 매염제에 대한 반응도 좋아서 다양한 색을 얻을 수 있었다.

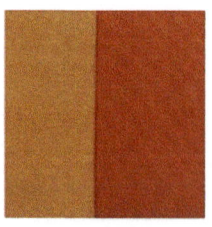

봄잎/가을잎

동

철

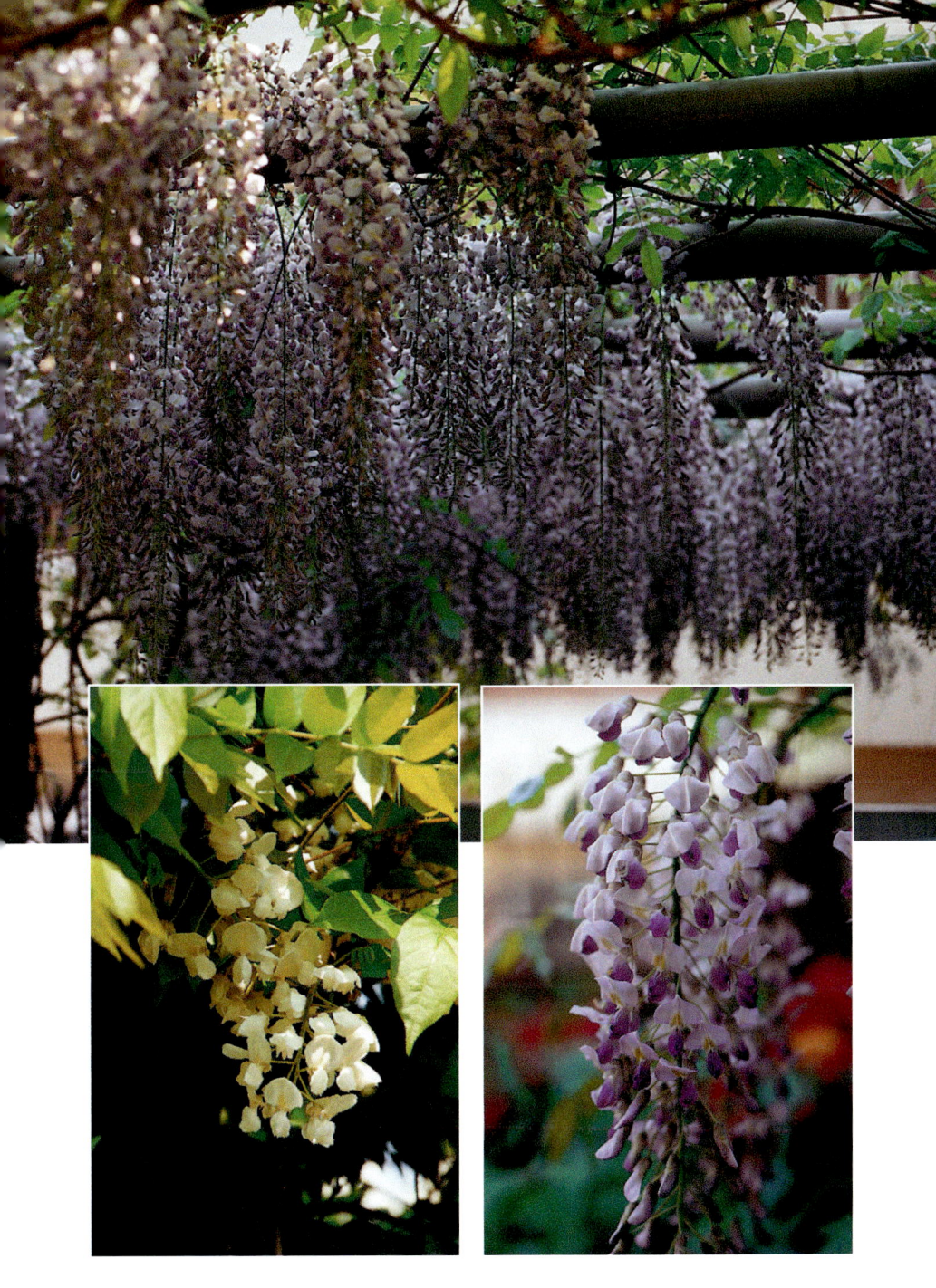

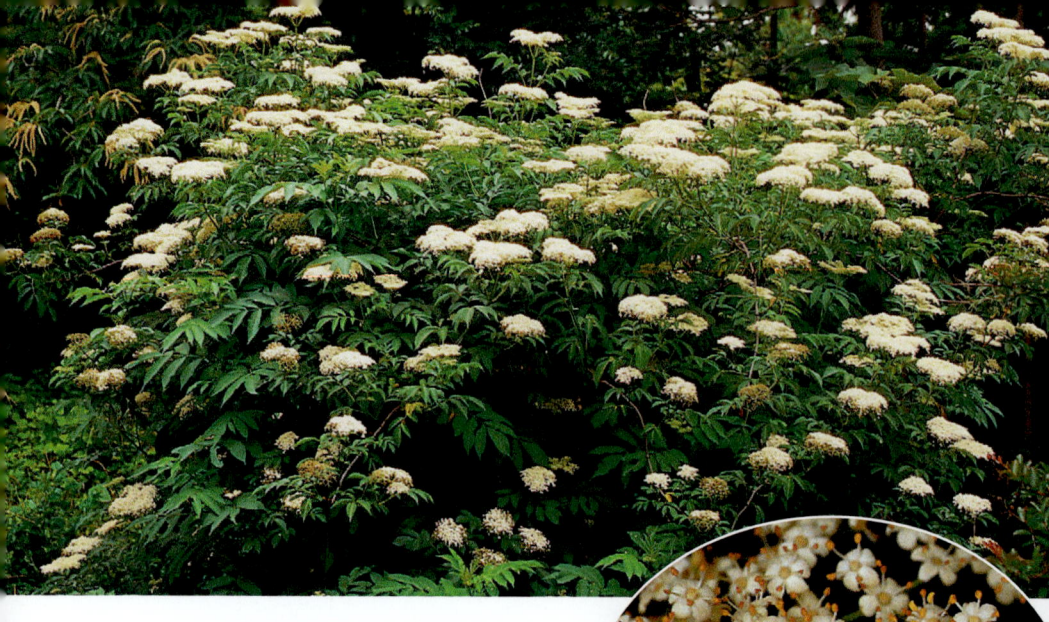

딱총나무(Korean Elder, 高麗接骨木)
Sambucus williamsii var. *coreana* Nakai

중국 등 동북 아시아에 분포하며 인동과에 속한다.
고산지를 제외한 전국 각지의 산과 들에서 자라는 낙
엽 지는 작은키나무로 줄기 아래에서부터 가지가 많
이 갈라져 더부룩하게 덤불을 이루어 3미터 높이까지 커
진다. 줄기는 짙은 갈색이고 새 가지에는 털이 없다. 공중 습
도가 높고 비옥한 사질 양토의 계곡에서 잘 자라며 그늘과 추위에
견디는 힘이 크다. 잎은 마주나고 5 내지 7개의 소엽으로 된 기수 우상 복엽으로
소엽은 긴 타원형에서 달걀 모양까지 변이가 심하고 끝이 점점 뾰족해지고 밑이 뾰족하다. 잎
몸은 길이 5 내지 14센티미터이고 양면에 털이 없고 가장자리에는 뾰족한 톱니가 있다.
새 가지의 끝에 지름 3 내지 4밀리미터의 작은 꽃이 다닥다닥 붙어서 원추꽃차례를 이루는데
꽃차례 축에는 가루 같은 작은 돌기가 있고 털이 없다. 꽃받침은 퇴화되었고 꽃잎은 녹색을 띤
황색으로 깊게 5개로 갈라져서 뒤로 젖혀진다. 수술은 5개, 암술은 1개인데 자방은 3개의 방으
로 되고 그 안에 배주가 하나씩 있다. 열매는 핵과(核果)로 지름 6밀리미터이고 둥글며 늦여름
에 짙은 빨강색으로 익는다.
어린순은 먹을 수 있고 민간에서는 꽃, 가는 가지, 잎을 말려서 해열제, 발한제, 이뇨제로 쓰고
신경통, 타박상을 다스리는 데에 쓴다. 꽃과 열매를 보기 위해 정원수로 심기도 한다.

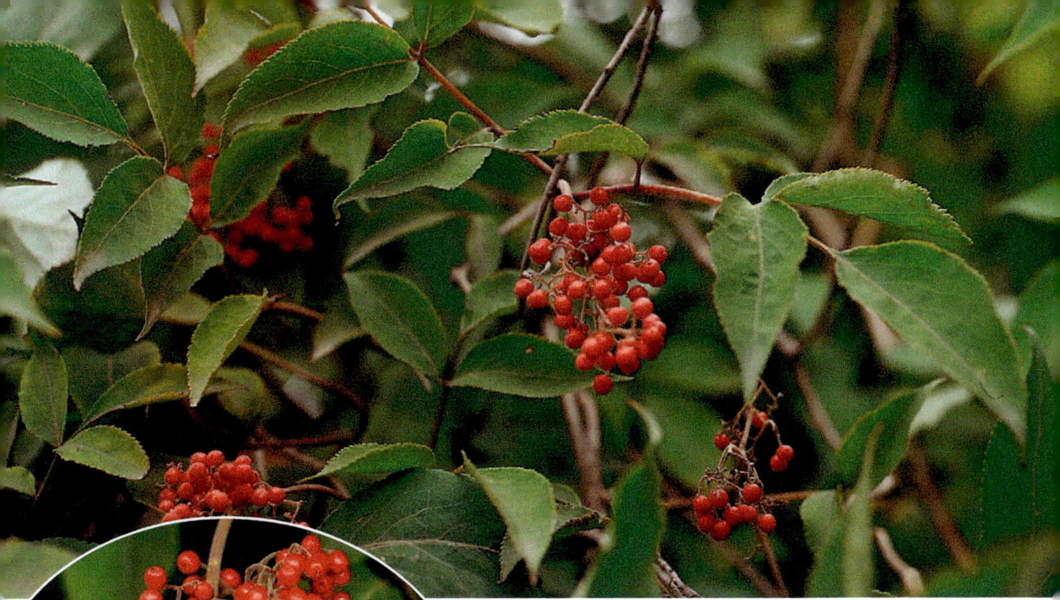

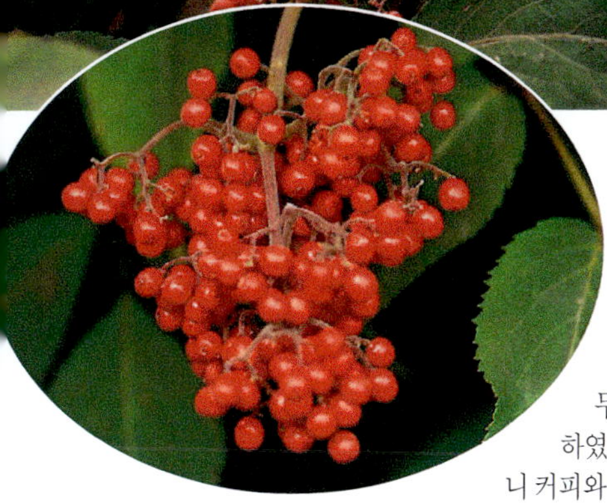

염색 여름의 녹음 속에서 작고 빨간 열매가 잔뜩 달려 있는 딱총나무는 금방 눈에 띄기 때문에 주변 야산에서 쉽게 찾을 수 있는 좋은 염료 식물이다. 7월 무등산 자락의 풍암저수지에서 열매와 잎을 따로 채집하였다. 믹서에 갈았을 때는 밝은 연둣빛이었으나 끓였더니 커피와 같은 짙은 갈색으로 변했다. 매염제에 대한 반응이 좋으며 특히 철을 사용하였더니 검정에 가까운 짙은 색이 되었다. 빨강 열매만을 끓여서 얻어진 염액은 두 층으로 나뉘어 엷은 갈색 위에 노란색 층이 생기며 표면에 기름기가 돌았다. 잎과는 전혀 다른 색을 낸다.

| 열매 | 알루미늄(잎) | 철(잎) |

땅비싸리 (논싸리 · 젓밤나무, 木藍)
Indigofera kirilowii Maxim.

중국 등 동북 아시아 일대에 분포하며 주변의 산비탈에서 흔히 볼 수 있는 콩과 식물이다. 작은
키나무로 땅속으로 뻗는 줄기로부터 많은 싹이 나와 무리를 이룬다.

줄기는 곧추서서 60센티미터 정도가 되고 드문드문 가지가 갈라지며 새 가지에는 잔털이 있
으나 점점 없어진다. 잎은 어긋나고 기수 우상 복엽으로 소엽은 7 내지 11개이고 길이 1 내지 4
센티미터이며 타원형 또는 넓은 달걀 모양으로 끝은 주맥이 가늘게 뻗어 나오고 밑은 둥글다.
양면에 누운털이 약간 있고 윗면은 옅은 녹색이며 아랫면은 흰색을 띤 녹색이다.

5, 6월에 엽액에서 잎보다 약간 긴 총상꽃차례가 나서 옅은 홍색의 꽃이 핀다. 꽃은 1.5 내지 2
센티미터 정도로 접형화이고 기판 표면에 털이 있다. 꽃받침은 통형으로 가는 털이 있고 끝이
불규칙하게 5개로 갈라지며 열편은 피침형이다. 수술은 10개인데 합쳐져서 두 무리를 이룬다.
꽃의 수명이 끝나면 녹색의 자방이 길게 자라 나온다.

열매는 협과(莢果)로서 길이 3 내지 6.5센티미터, 지름 0.5센티미터의 가는 원주형으로 털이 없
고 약간 구부러지며 가을에 익으면 길게 둘로 갈라진다. 씨앗은 많고 타원형이다.

중국에서는 뿌리를 해독제, 변비를 다스리는 데 쓰
며 절개지의 지피 식물로 적합하다.

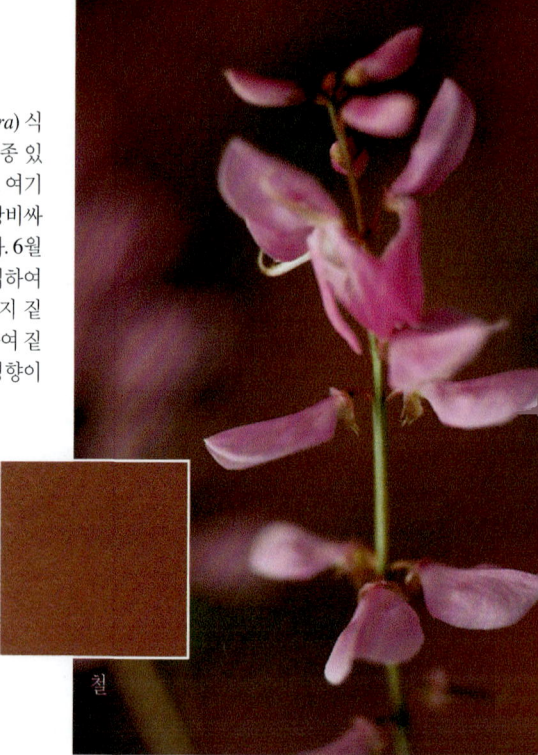

염색 열대, 아열대의 인디고페라속(*Indigofera*) 식
물 가운데는 청색 계통의 염료 식물이 10여 종 있
어 '인디고 블루(Indigo Blue)' 라는 색명도 여기
에서 나온 것이다. 우리나라에서 자생하는 땅비싸
리로 어떤 색을 얻을 수 있는지 시험해 보았다. 6월
화순군 사평의 자연휴양림에서 줄기째 채집하여
잘게 썰어 염액을 내었다. 염액의 색은 그다지 짙
지 않았으나 잘 물드는 편이어서 반복 염색하여 짙
은 색을 얻을 수 있다. 하지만 얼룩이 지는 경향이
있으므로 주의해서 염색해야 한다.

알루미늄

동

철

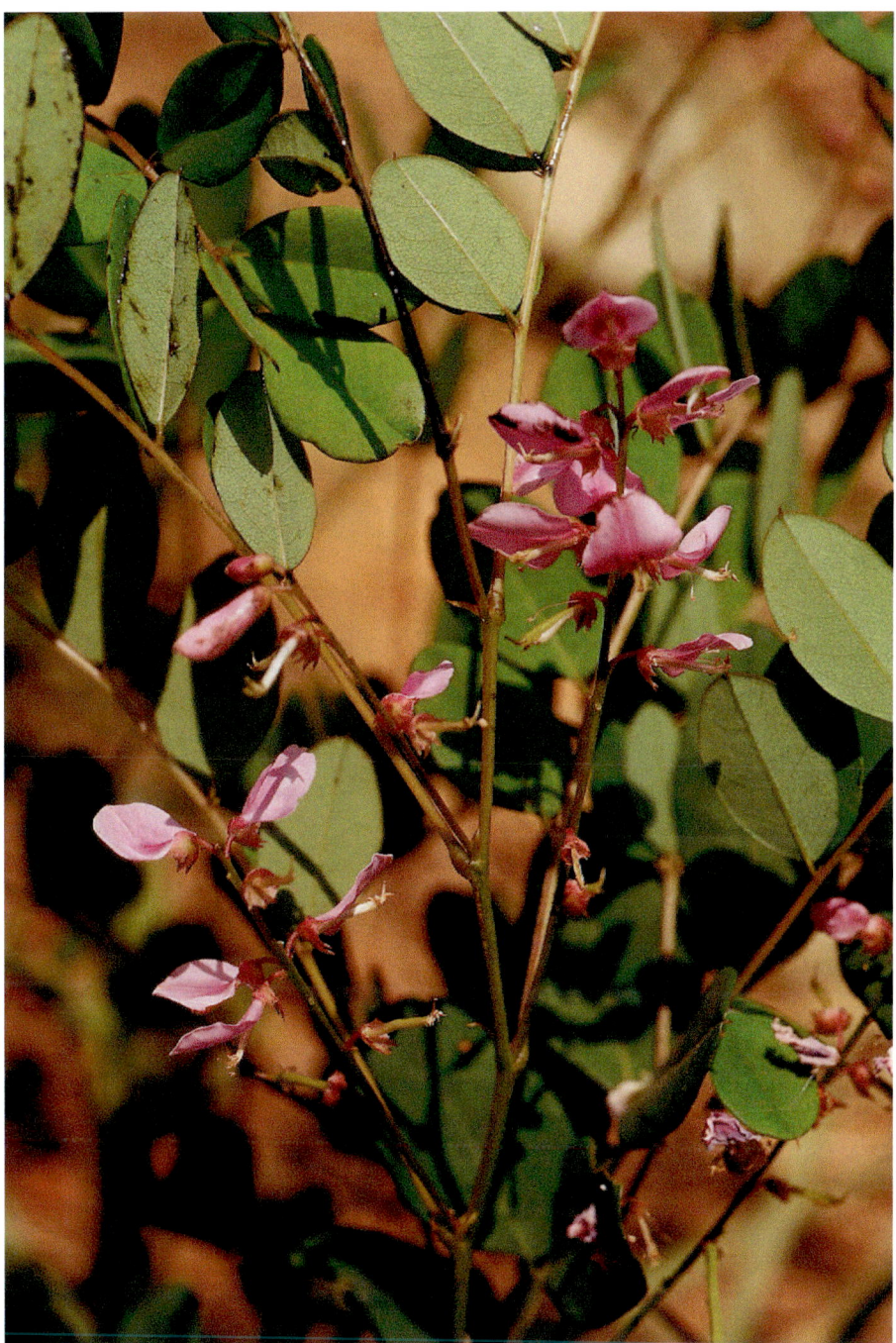

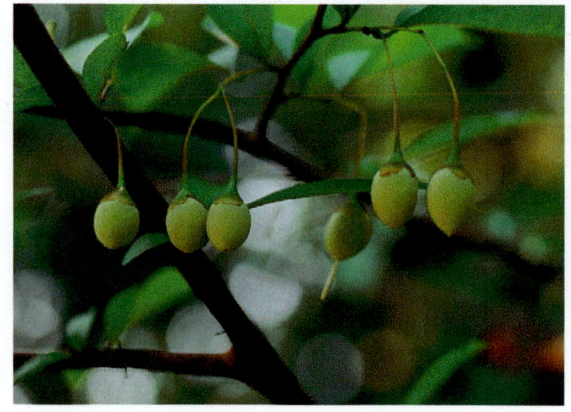
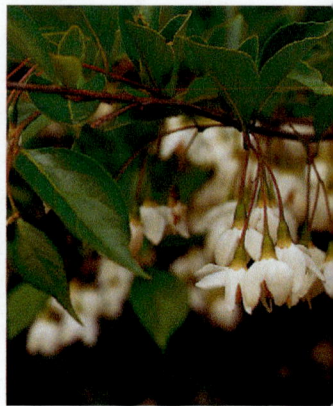

때죽나무(족나무, Japanese Snowbell, 野茉莉)
Styrax japonica S. et Z.

중국, 대만, 일본, 필리핀 북부의 온대에서 아열대까지 분포하며 때죽나무과에 속한다. 우리나라에서는 중부 이남의 산지 특히 계곡에서 흔히 볼 수 있는 낙엽 지는 나무로 키가 3 내지 5미터에 이른다. 흰색의 꽃이 많이 피기 때문에 공원수로 적합하다.

줄기는 어두운 회갈색으로 매끈하고 2년생 가지는 껍질이 가늘게 실처럼 길이 방향으로 벗겨지며 어린 가지에는 선모가 있으나 곧 없어진다. 잎은 어긋나고 길이 2 내지 8센티미터, 너비 2 내지 4센티미터의 달걀 모양 또는 타원형으로 끝이 점점 뾰족해지고 밑이 쐐기 모양으로 뾰족하며 가장자리는 매끈하거나 윗부분에 둔한 톱니가 몇 개 있다. 표면은 털이 없고 뒷면에는 털이 있으나 곧 떨어져서 맥 주변에만 남는다. 잎자루는 5 내지 10밀리미터이다.

5, 6월에 새 가지의 끝에서 2 내지 4센티미터 길이의 작은 총상꽃차례가 아래로 늘어서서 1 내지 5개의 흰 꽃을 만든다. 꽃받침은 짧은 통형으로 술잔과 같고 끝이 낮은 파도처럼 5개로 둥글게 갈라진다. 꽃은 지름 2.5센티미터로 꽃잎은 5개인데 긴 달걀 모양으로 겉이 잔털로 덮여 있다. 수술은 10개이고 길이 14밀리미터로 꽃밥은 길고 노랑색이다. 암술은 1개로 암술대는 수술보다 길다.

열매는 달걀 모양 원형으로 삭과이고 익으면 껍질이 불규칙하게 터져서 1개의 씨앗이 나온다. 씨앗은 윤기가 있는 갈색으로 딱딱하고 달걀 모양이며 길이 1 내지 1.2센티미터이다.

염색 때죽나무는 아직 염료 식물로 이용된 적이 없는 식물이다. 계곡이나 야산 주변에서 흔히 볼 수 있는 식물로 여름 이후에는 앙증맞은 열매가 잔뜩 매달려 있으므로 쉽게 찾을 수 있다. 10월, 화순군 가지산 자락의 유마사 계곡에서 잎을 채집하였다. 믹서에 간 다음 20분간 끓여서 염액을 만들었다. 의외로 잘 물들고 매염제에 의한 색상의 변화도 다양한 좋은 염료로 반복 염색하여 짙은 색을 얻었다.

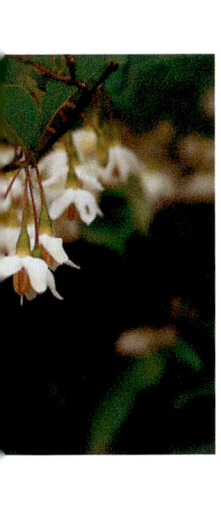

알루미늄

동

철

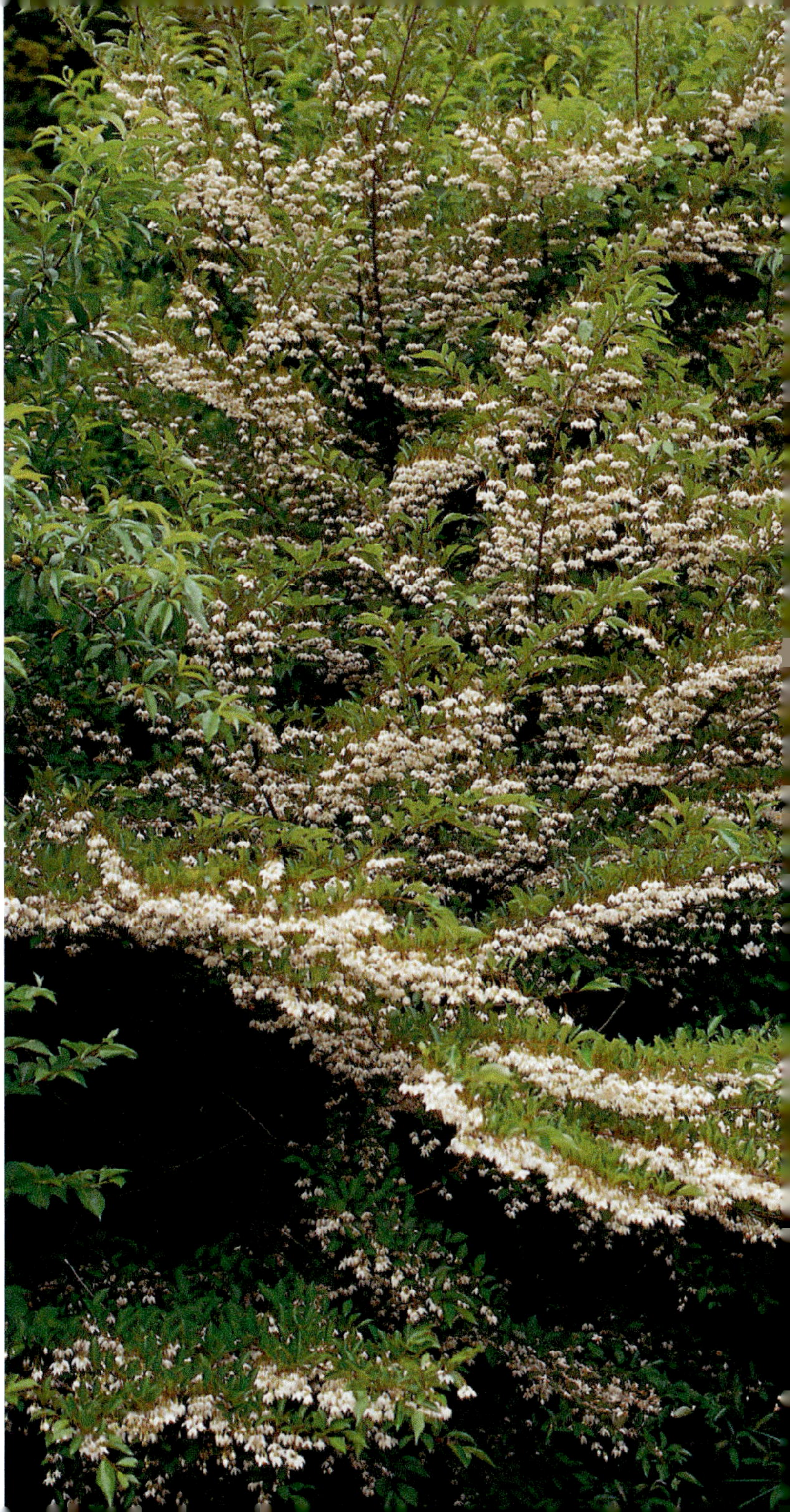

뚱딴지 (돼지감자, Jerusalem Artichoke · Canada Potato, 菊芋)
Helianthus tuberosus L.

북아메리카 남부가 원산지인 국화과 여러해살이풀로 곧추 자라 1.5 내지 3
미터에 이르고 땅속줄기가 잘 발달하여 감자나 고구마처럼 덩이로
부풀어오른다. 덩이줄기에는 눈이 많아서 번식력이 뛰어나므로 일
단 땅속이나 다른 개체 사이에 침입하면 완전히 없애기 힘들다.
덩이줄기를 얻거나 드물게는 관상용으로 심었으나 현재는 거의
야생화되었다. 식물체 전체에 곧은털이 많아서 까칠까칠하다.
줄기 아랫부분의 잎은 마주나고 윗부분의 잎은 어긋난다. 잎
은 긴 달걀 모양 또는 긴 타원형으로 끝이 뾰족하고 밑도 뾰
족해져서 잎자루를 따라 흘러가는 날개처럼 된다. 가장자리
에는 드문드문 불규칙하고 거친 톱니가 있고 3개의 맥이 뚜
렷하게 생긴다. 줄기 윗부분에서 많은 가지가 갈라져서 그
끝에 지름 6 내지 8센티미터 정도의 커다란 두상화가 달린
다. 총포는 반구형으로 포편의 길이가 불규칙하여 외포편과
내포편이 비슷하며 거친 털이 있다. 두상화는 황갈색의 많은
통상화와 그를 둘러싼 10개 이상의 노랑색 설상화로 이루어
져서 해바라기를 축소시킨 것처럼 보인다. 열매는 수과로서 5
내지 6밀리미터 길이이고 윗부분에 털이 있다.
부풀어오른 땅속줄기에는 이눌린(Inulin)이 많아서 알코올이나
과당, 엿을 만드는 데에 쓰였다. 한때는 식용이나 가축의 사료로
쓰이기도 하였으나 이제는 거의 재배하지 않는다.

염색 뚱딴지는 훌륭한 염료 식물로 꽃이 피어 있을 때 좋은 색을 얻을 수 있다.
10월 광주에서 비아로 가는 작은 길가에 무리지어 핀 뚱딴지를 보았다. 폐가구가 어지럽게 널
린 버려진 땅에서도 진노랑의 예쁜 꽃을 피우고 있었다. 줄기에 있는 거센 털에 베이지 않도록
주의하면서 잎을 따 모았다. 잘게 자른 다음 20분간 끓여서 염액을 만들었다. 반복 염색하여
짙은 색을 얻었다. 매염제에 대한 반응도 좋았다.

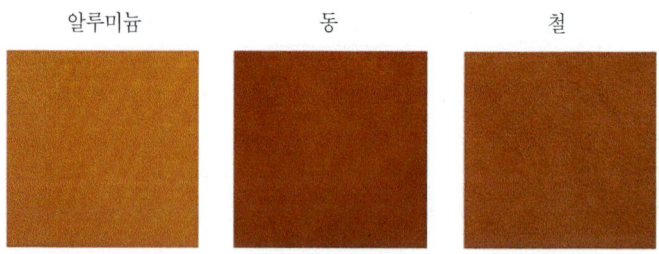

알루미늄	동	철

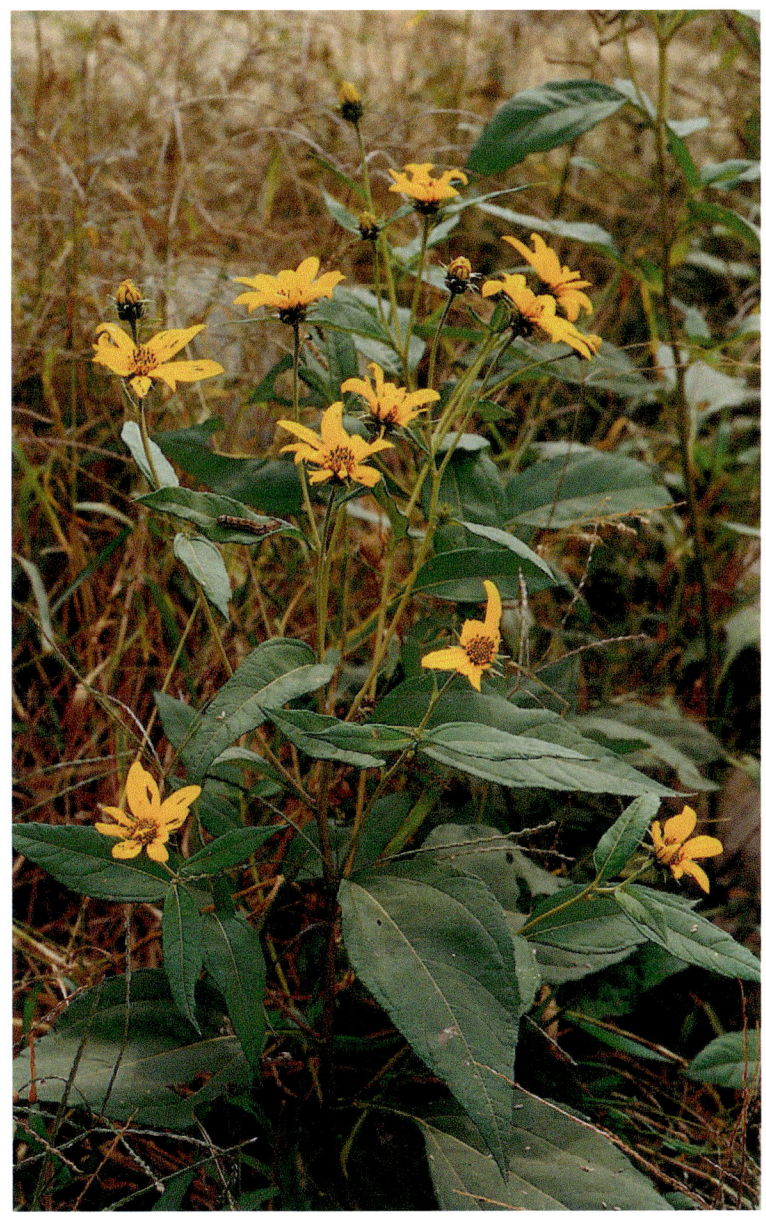

49

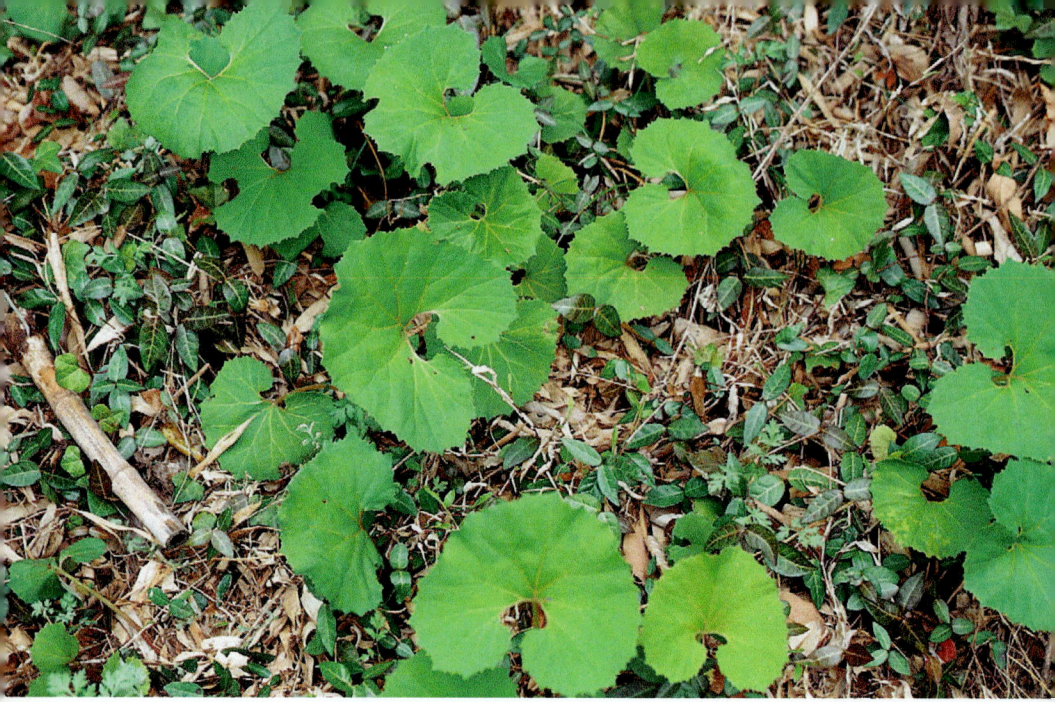

머위 (머우·모구, Japanese Butterbur, 蜂斗菜)
Petasites japonicus (S. et Z.) Max.

우리나라, 중국, 일본 등에 분포하며 산지나 평야의 습지에서 자라는 국화과의 여러해살이풀
로 땅속줄기가 사방으로 벋어 나가 새순을 내어서 번식한다.

이른봄에 잎이 나오기 전에 길이 5 내지 45센티미터의 꽃대가 나와서 평행맥을 가진 포엽이
여러 장 어긋나게 달리고 꽃대의 끝에 두상꽃차례가 여럿 달린다. 잎은 꽃이 진 뒤 뿌리에서 나
오는데 길고 통통한 잎자루에 둥그란 큰 잎이 달린다. 잎자루는 길이 60센티미터, 지름 1센티
미터까지 자라는데 윗면에 홈이 생기고 줄기에 가까운 부분은 자주색을 띤다. 잎은 지름이 15
내지 30센티미터에 이르고 잎밑은 신장형이며 윗면에 꼬부라진 털이, 아랫면에는 거미줄 같
은 털이 많이 나지만 나중에는 없어지며 가장자리에는 엉성한 치아상 톱니가 있다.

꽃은 암수가 다른 개체에 피는데 통상화로만 된 두화(두상꽃차례)가 꽃대의 끝에 산방상으로
다닥다닥 모여 달린다. 두화는 지름이 7 내지 10밀리미터이고 총포는 통형으로 길이 6 밀리미
터, 지름 7 내지 8밀리미터인데 선형의 포편이 두 줄로 배열되어 있다. 수개체의 꽃차례는 꽃이
핀 뒤 곧 시들어 버리지만, 암개체의 꽃차례는 30 내지 40센티미터 정도로 길게 자라서 총상으
로 된다.

열매는 수과로서 길이 3.5밀리미터, 지름 0.5밀리미터 정도의 원통형이며 털이 없고 끝에 12밀
리미터 길이의 흰색 관모를 가진다.

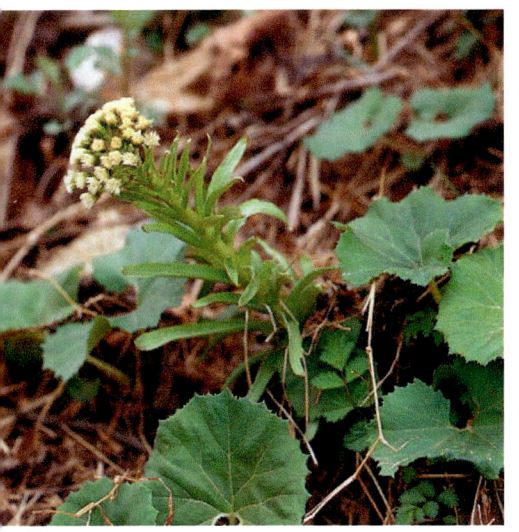
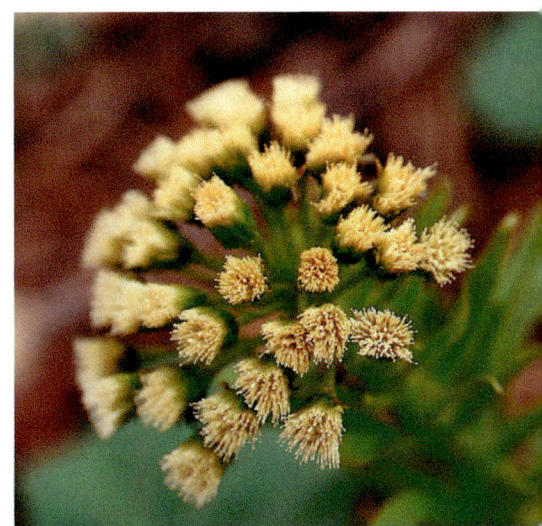

염색 국화과 식물 가운데는 훌륭한 염료 식물이 많은데 머위는 적은 양으로도 물이 잘 들며 매염제에 대한 반응도 뛰어나다. 계절에 따라 염색에 차이가 나는데 10월 진도의 용장성터에서 채취한 잎보다 이듬해 5월 강진군 성전의 시골 텃밭에서 채취한 잎의 색이 더욱 짙었다. 재래 시장이나 시골장에서 한 묶음 사서 잎자루는 나물이나 국의 재료로 쓰고 잎몸을 염색에 이용하면 된다.

잎	동	철

멸가치(腺梗菜)

Adenocaulon himalacinum Edgew.

우리나라의 일부 지역과 중국, 대만, 일본, 히말라야에 분포하는 국화과에 속하는 여러해살이 풀로 산지의 나무 그늘이나 계곡의 습기가 많은 곳에 자란다.

옆으로 누운 짧은 땅속줄기에서 줄기가 하나 올라와 50 내지 100센티미터 높이로 곧추 자란다. 윗부분이 엉성하게 갈라지고 줄기 끝부분에 대가 있는 선이 많다. 땅속줄기에는 통통한 수염 뿌리가 많이 생긴다. 잎은 어긋나고 줄기 아래에 집중해서 달리며 신장상 또는 삼각상 심장형으로 길이 7 내지 13센티미터, 너비 11 내지 22센티미터로서 표면은 녹색이고 뒷면은 흰색 면모가 밀생한다. 가장자리는 드문드문 치아상 톱니가 생기거나 얕게 갈라지며 잎몸이 얇고 부드럽다. 끝은 둔하고 밑은 심장형으로 잎자루를 따라 좁은 날개를 이루고 잎자루는 길이 10 내지 20센티미터이다.

8, 9월에 줄기의 윗부분이 엉성하게 갈라져서 긴 가지를 만들고 그 끝에 하나씩 두상화가 생긴다. 총포는 길이 2.5밀리미터, 지름 5밀리미터의 반구형으로 포편은 5 내지 7개로 달걀 모양이며 꽃이 피고 나서 뒤로 젖혀진다. 두상화 중앙의 소화는 끝이 5개로 갈라진 통상화로 양성이나 결실하지 않고 이를 둘러싼 주변의 설상화는 암꽃으로 넓은 종형이며 끝이 4 내지 5개로 갈라지고 결실한다.

열매는 6, 7밀리미터의 수과로서 녹색을 띤 곤봉상이고 방사상으로 달리며 겉에 짙은 보라색의 선점이 많아서 끈적거리는데, 이를 이용하여 동물에 붙어서 흩어져 퍼진다. 관모는 없다. 어린순을 데쳐서 나물로 하고 일본에서는 떡에 넣어 먹기도 한다.

염색 멸가치는 그늘지고 약간 습기 있는 야산의 숲에서 흔히 볼 수 있는 식물이다. 9월 장흥군 가지산 보림사에 들렀을 때 계곡 그늘에서 멸가치의 작은 무리를 발견했다. 국화과에 속하는 식물이기에 시험 삼아 물들여 보기로 하고 줄기째 채집하였다. 깨끗이 씻어서 믹서로 간 다음 끓여서 염액을 내었다. 그다지 많은 양은 아니었으나 비교적 잘 물드는 식물로 매염제에 의해 독특한 색을 얻을 수 있었다.

무	동	철

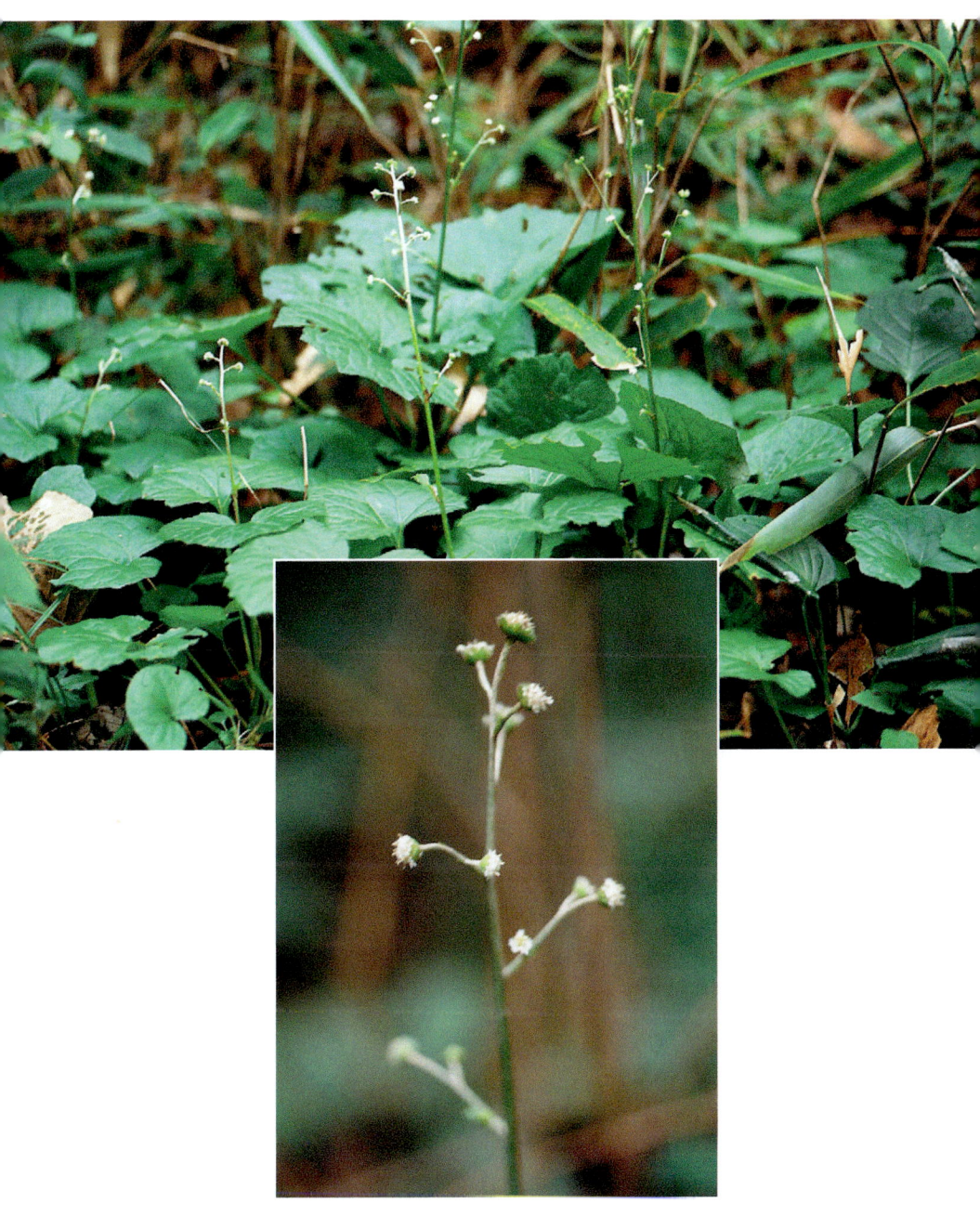

모란(목단, Tree Paeony, 牧丹)
Paeonia suffruticosa Andr.

널리 재배되고 있는 중국 북서부 원산의 미나리아재비과 작은키나무로 키가 2미터에 이르고 가지가 굵으며 털이 없다.

잎은 어긋나고 2회 3출 또는 2회 우상으로 갈라지며 소엽은 달걀 모양 또는 피침형으로 가장자리가 밋밋하거나 2 내지 3개로 갈라진다. 표면은 털이 없고 뒷면에 잔털이 있으며 흰빛이 도는 연두색이다.

5월에 가지 끝에 지름이 15 내지 20센티미터에 달하는 커다란 꽃이 하나씩 달린다. 꽃은 양성으로 흰색에서 붉은색, 자주색까지 다양하다. 꽃받침잎은 5개로 꽃이 진 뒤에도 남는다. 꽃잎은 8개 이상으로 크기가 서로 다르며 도란형이고 가장자리에는 불규칙한 톱니가 있다. 수술은 매우 많고 그 중앙에 2 내지 6개의 암술이 있다. 암술은 갈색 털로 덮여 있고 암술대는 짧으며 밖으로 구부러진다. 수술과 암술 사이에 있는 막질의 화반은 자라나서 암술대를 제외한 자방을 주머니 모양으로 감싸서 열매가 된다. 열매는 삭과로 9월에 익으면 내봉선이 터져서 벌어진다. 씨앗은 지름 5 내지 6밀리미터로 둥글고 검정색이다.

관상용으로 널리 심으며 뿌리의 껍질을 진정, 진통, 피흐름을 좋게 하는 데에 사용한다.

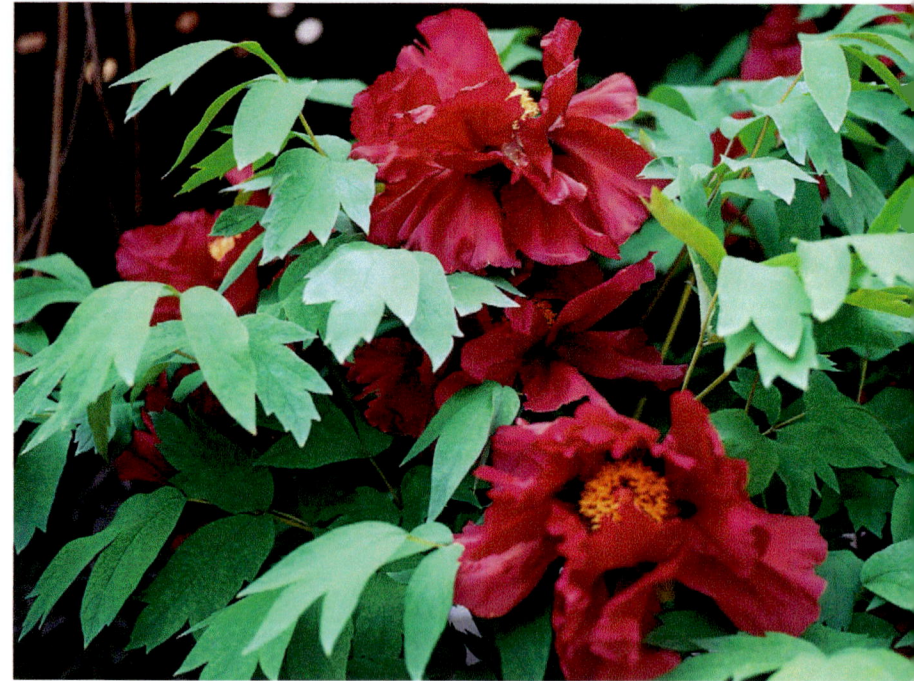

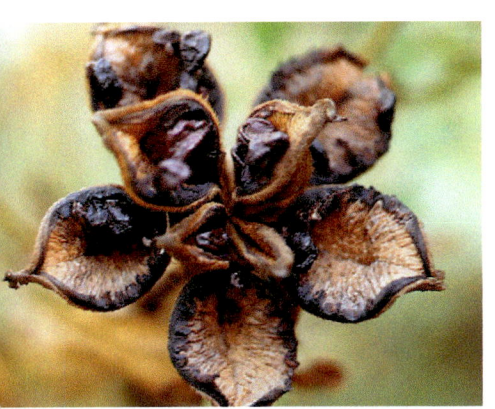

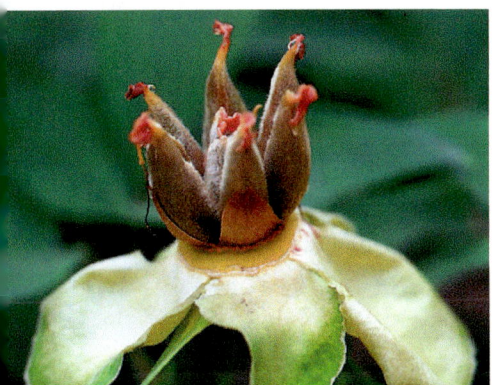

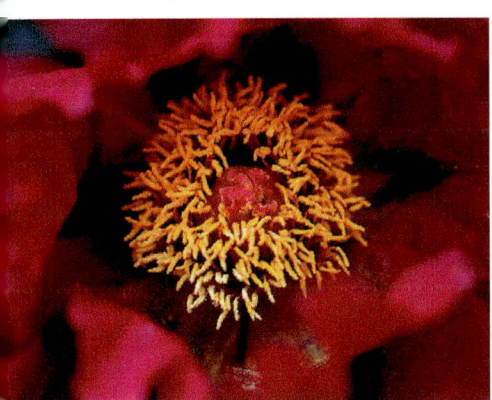

염색 모란을 염료 식물로 이용했다는 기록은 없다. 10월 앞뜰의 구석에 주차장을 만들면서 거기 있던 12년생 모란을 옮겨 심게 되었다. 잘려 나간 뿌리만큼 줄기도 잘라 주었는데 푸른 잎이 너무 아까워서 물 들여 보았다. 잎을 잘게 자른 다음 물에 넣고 끓여서 맑은 황갈색 염액을 얻었다. 염액이 식으면 회백색 앙금이 바닥에 가라앉으나 끓이면 다시 맑아진다. 이듬해 5월, 계절에 따른 변화를 보기 위해 같은 개체에서 채집한 잎으로 염색을 했다. 색의 짙기는 11월이, 매염제에 의한 색의 다양성은 5월에 채집한 것이 좋았다.

잎

동

철

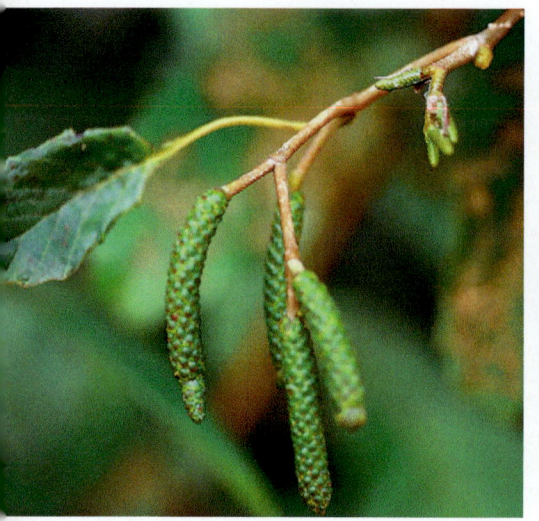
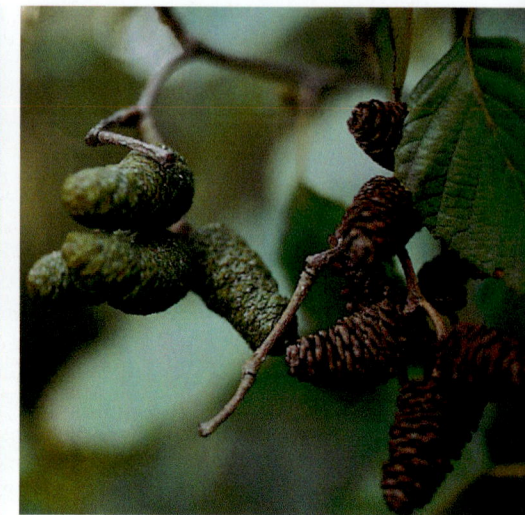

물오리나무(참오리나무, 水赤楊)

Alnus hirsuta (Spach) Rupr.

우리나라 중부 이북의 산지나 평지의 약간 건조한 2차림을 비롯한 시베리아 동부, 사할린, 일본에 분포하며 자작나무과에 속하는 낙엽 지는 큰키나무이다.

줄기는 곧게 자라서 높이 20미터, 지름 60센티미터 정도이고 가지는 가늘며 새 가지에는 털이 있으나 곧 없어지며 겨울눈에는 털이 있다. 잎은 어긋나고 8 내지 14센티미터 크기의 원형에 가까운 넓은 달걀 모양이거나 넓은 타원형으로 끝이 뾰족하고 밑이 둥글거나 약간 심장상이다. 표면은 짙은 녹색이고 뒷면은 회백색으로 처음에는 뒷면에 털이 있으나 곧 떨어져 맥 위에만 남으며 가장자리는 5 내지 8개로 얕게 갈라지고 잔톱니가 있다. 잎자루는 2 내지 4센티미터로 털이 있다.

암꽃과 수꽃이 따로 꽃차례를 이루며 봄에 잎이 피기 전에 꽃이 핀다. 수꽃차례는 자갈색의 꼬리꽃차례로 3 내지 4개씩 가지의 끝에 생기는데 전년 가을에 이미 만들어져서 겨울을 넘긴 뒤 봄에 가는 원주형으로 길게 자라면서 노란 꽃가루를 낸다. 수꽃에는 꽃받침과 수술이 각각 4개씩 있으며 꽃가루는 바람에 의해 산포한다.

암꽃차례는 수꽃차례보다 낮은 위치에 달리는데 훨씬 짧고 뭉툭하며 암꽃에는 2개의 암술대를 가진 자방이 하나 있다. 암꽃차례는 수정 뒤 부풀어서 1 내지 2센티미터 길이의 긴 타원형 구과(毬果)가 되는데 과린(果鱗)은 끝이 얕게 4개로 갈라진 쐐기 모양이다. 열매는 작은 견과로 편평한 긴 타원형이며 주변에 좁은 날개가 있다.

건조함에 강하고 생육이 빨라서 산지의 도로 주변이나 사방 녹화용으로 쓰인다.

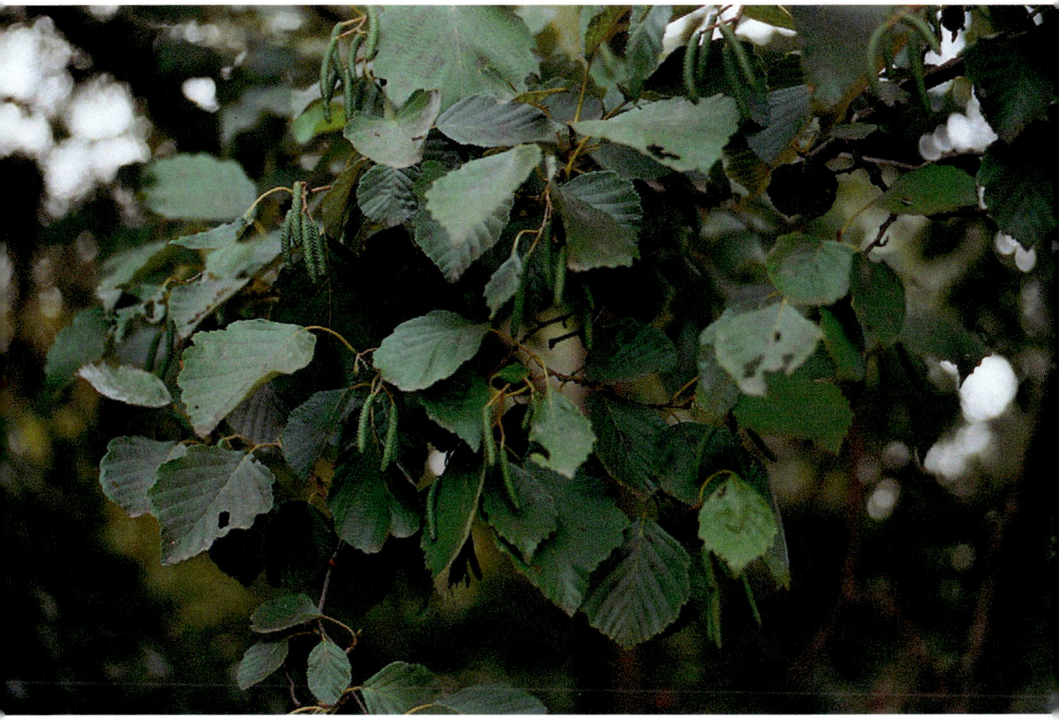

염색 예로부터 동서를 막론하고 오리나무류의 잎, 나무껍질, 열매에서 얻어진 타닌(tannin)은 회색, 갈색, 흑색의 염색에 사용되어 왔다. 그러나 나무껍질을 벗겨내면 나무가 죽게 되므로 이미 벌채된 나무가 아니면 잎이나 열매를 사용하도록 한다. 10월과 이듬해 5월 전남대 구내의 물오리나무에서 잎과 열매를 각각 채집하였다. 염색해 보니 좋은 염료라고 생각되었으며 특히 열매는 적은 양으로도 짙은 색을 얻을 수 있다. 봄과 가을의 색상은 서로 달랐으며 봄의 잎과 마른 열매는 서로 비슷하였다.

열매/잎	동(잎)	철(열매)

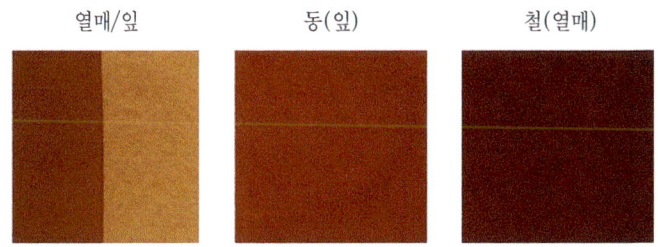

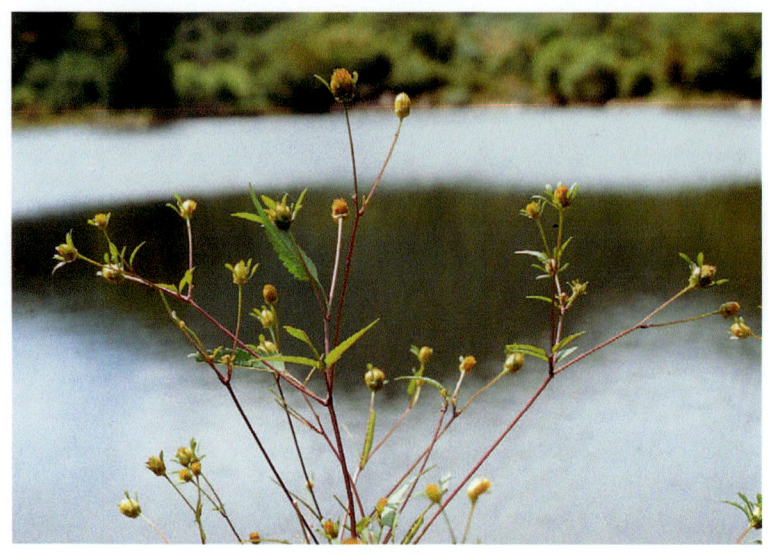

미국가막사리(Beggar's Tick · Sticktight, 鬼針草)
Bidens frondosa L.

북아메리카 원산이면서 북반구에 널리 퍼진 귀화 식물로 주로 도시 근교의 습한 들판, 빈터, 길가 주변 등에 자라는 국화과 1년생풀이다.

줄기는 곧추 자라 1 내지 1.5미터에 이르고 네모지며 가지가 많이 갈라지고 털이 거의 없으며 자갈색을 띠기도 한다. 줄기 아래의 잎은 마주나고 우상 복엽으로 소엽은 3 내지 5개이고 가운데 소엽은 옆의 소엽보다 크며 3개로 깊게 갈라지기도 한다. 소엽은 피침형으로 길이 3 내지 13센티미터에 이르며 가장자리에는 깊고 뾰족한 톱니가 있고 잎자루가 길다.

9월에서 10월 사이에 가지와 줄기 끝의 잎겨드랑이에서 긴 대가 나오고 그 끝에 지름 1 내지 1.5센티미터의 두상화가 많이 달려서 큰 원추꽃차례를 이룬다. 총포는 종 모양으로 총포의 겉에는 잎 모양의 총포편이 6 내지 12개 달리는데 총포편은 도피침형으로 길이 1 내지 2.5센티미터이고 뒤로 구부러진 듯 하며 가장자리에 털이 있다. 두화에는 설상화가 없거나 거의 흔적만 남고 통상화는 주황색으로 양성이다.

열매는 수과로 길이 6 내지 10밀리미터의 편평한 쐐기형이며 3 내지 4개의 능선과 짧은 털이 있다. 관모는 2개인데 뾰족하고 딱딱하며 아래를 향한 딱딱한 가시 같은 털이 있어서 사람의 옷이나 짐승의 털에 달라붙어서 산포된다.

염색 10월 담양군 성암 야영장에 들렀다. 야영장 주변에는 우리가 들여온 식물이나 저희들 멋대로 들어온 식물들이 원래의 주인인 자생 식물을 몰아내고 주인 행세를 하고 있었다. 계곡 주변의 미국가막사리를 줄기째 잘라 와서 염액을 내었다. 가막사리 종류는 적갈색 계통으로 짙게 물드는 좋은 염료이다. 매염제에 대한 반응도 좋아서 다양한 색을 만들 수 있다.

무

동

철

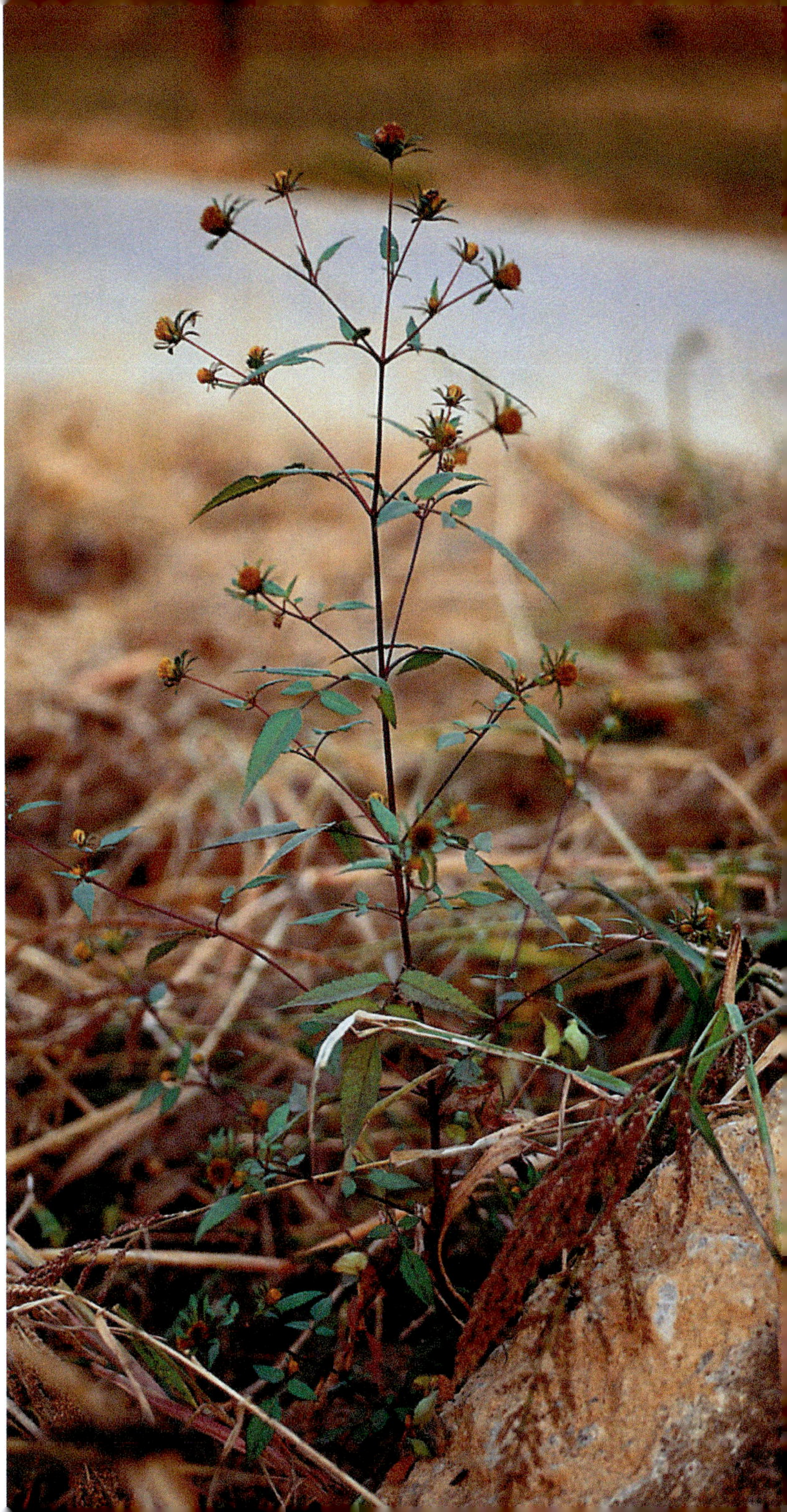

미나리아재비(Japanese Buttercup, 五虎草)
Ranunculus japonicus Thunb.

볕이 잘 들고 습기가 많은 산이나 들판에서 흔히 자라는 미나리아재비과의 다년생 풀이다.
키가 50센티미터에 이르고 가는 뿌리가 많이 나오며 줄기와 잎에 곤추선 털이 많다. 잎은 단엽
으로 근생엽은 긴 잎자루가 있고 동그란 심장 모양으로 길이 2.5 내지
7센티미터, 너비 3 내지 10센티미터로서 3 내지 5개로 깊게 갈라지고 가
장자리에 크고 불규칙한 톱니가 있다. 잎의 모양과 크기에 변이
가 심하다. 경생엽은 거의 잎자루가 없고 가늘게 3개로 갈
라지며 가장자리가 밋밋하다.

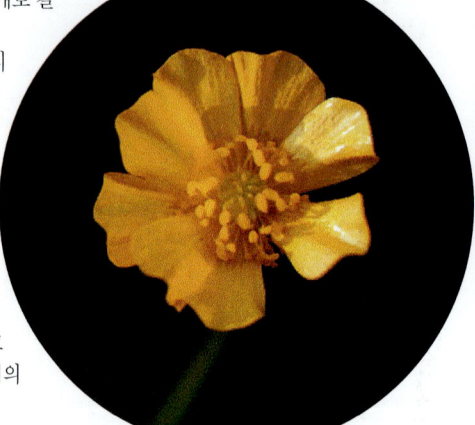

6월에 줄기 윗부분이 취산상으로 갈라져서 각 가지
의 끝에 한 개씩 12 내지 20밀리미터 지름의 노랑색
꽃이 핀다. 녹색의 꽃받침은 5개이며 타원형으로
겉에 털이 있고 수평으로 펴지며 가장자리가 가
볍게 안으로 구부러져서 보트(boat) 모양이 된
다. 꽃잎도 5개로 꽃받침보다 2배 이상 길고 도
란형으로 수평으로 펴지며 광택이 있어서 조화
처럼 보인다. 암술과 수술은 여러 개가 나선상으
로 배열하고 자방은 원형으로 암술대가 거의 없다.
열매는 달걀 모양의 수과로서 끝이 짧게 뾰족하고
여러 개가 동그랗게 모여서 지름 5 내지 7밀리미터의
별사탕처럼 보인다.

염색 담양군 담양댐 주변은 염료 재료를 얻기 위해 자주 들리는 곳이다. 5월말에 선명한 노랑
색 꽃이 초록 물결 속에서 떠올랐다. 작은 도랑가에 피어난 미나리아재비꽃이다. 또록또록 윤
기 있는 꽃잎이 조화처럼 보이는 앙증맞은 식물이지만, 피부에 발진을 일으키는 독을 가지고
있으므로 살갗에 닿지 않도록 주의해야 한다. 줄기째 잘라서 염액을 얻었다. 끓이는 내내 눈과
코를 자극하는 냄새가 나더니 한참 지난 후에도 매운기가 가시지 않는다. 연약한 외양과는 달
리 매염제에 대한 반응이 좋아서 다양하고 독특한 색을 얻을 수 있는 좋은 재료이다.

무

동

철

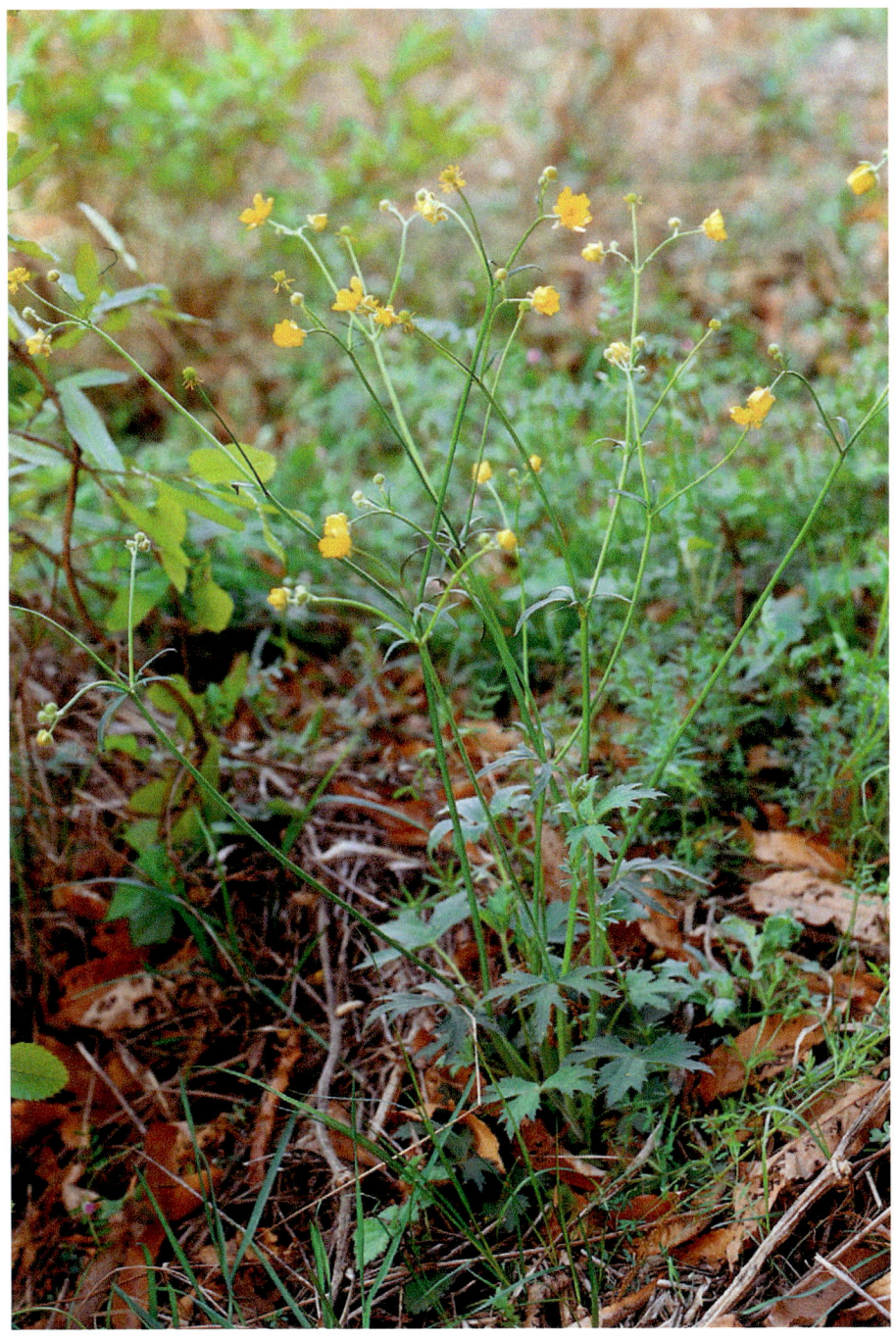

박태기나무(Chinese Redbud, 紫荊)
Cercis chinensis Bunge

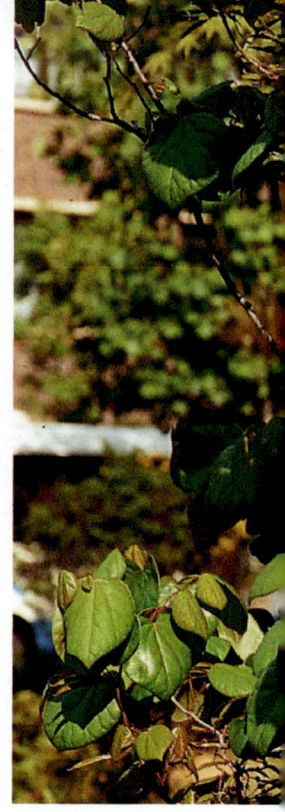

중국 원산의 콩과 낙엽 지는 키작은나무로 3 내지 4미터에 달하며 잎이 나기 전에 피는 홍자색 꽃이 매우 아름다워 관상용으로 널리 심고 있다.

소지는 두껍고 회색이며 피목이 많고 목재는 연한 녹색을 띤다. 잎은 어긋나며 심장형으로 길이 5 내지 10센티미터, 너비 4 내지 10센티미터로 가죽처럼 약간 두툼하고 표면은 반짝거려 윤기가 있으며 뒷면은 옅은 백록색이다. 잎자루는 잎몸보다 길지 않고 엽맥은 다섯으로 갈라져 오출맥을 이룬다. 꽃은 4월 중순부터 잎보다 먼저 피는데 전년지의 절에 10 내지 30개씩 다발로 모여 달린다.

꽃은 길이 1.2 내지 2센티미터 정도로 5장의 꽃잎이 모여 이루어진 작은 접형화(蝶形花)로 홍자색인데 기판이 양옆의 익판보다 안쪽으로 달리며 이들 3장의 꽃잎은 뒤로 구부러진다. 꽃받침은 통형으로 5쪽으로 깊게 갈라진다. 수술은 길이 10 내지 12밀리미터로 연한 홍색인데 10개가 서로 떨어져 달리고 암술은 길이 10밀리미터로 황록색이다. 열매는 길이 5 내지 7센티미터로 콩깍지(협과)와 같은데 매우 납작하고 선상 장타원형으로 양끝이 뾰족하며 외봉선에 좁은 날개가 발달하고 마르면 그물맥이 나타난다.

종자는 2 내지 5개로 6월에서 9월 사이에 황록색으로 익으며 길이는 7 내지 8밀리미터이다.

한방에서는 나무껍질을 자형피(紫荊皮)라 하여 해독, 진통, 월경 불순에 사용한다.

염색 1월에 광주시 광산구의 농가 뒤편에 심겨진 커다란 박태기나무에서 잎을 따 모았는데, 생육기가 끝나서 매우 두텁고 단단했다. 계절에 따른 변화를 보기 위해 이듬해 6월 전남대 구내에서 채취한 어린잎을 이용하여 재차 물들여 보았으나 결과는 마찬가지였다. 추출된 염액은 처음에는 검정이 섞인 독특한 청회색이지만 시간이 지남에 따라 뿌옇게 흐려져서 노랑이 섞인 탁한 갈색이 되며 맥 위에 군데군데 약간의 부유물이 기름처럼 퍼져 있었다. 매염제에 대한 반응은 좋은 편으로 특히 동에 대한 반응이 뛰어나다.

| 무 | 동 | 철 |

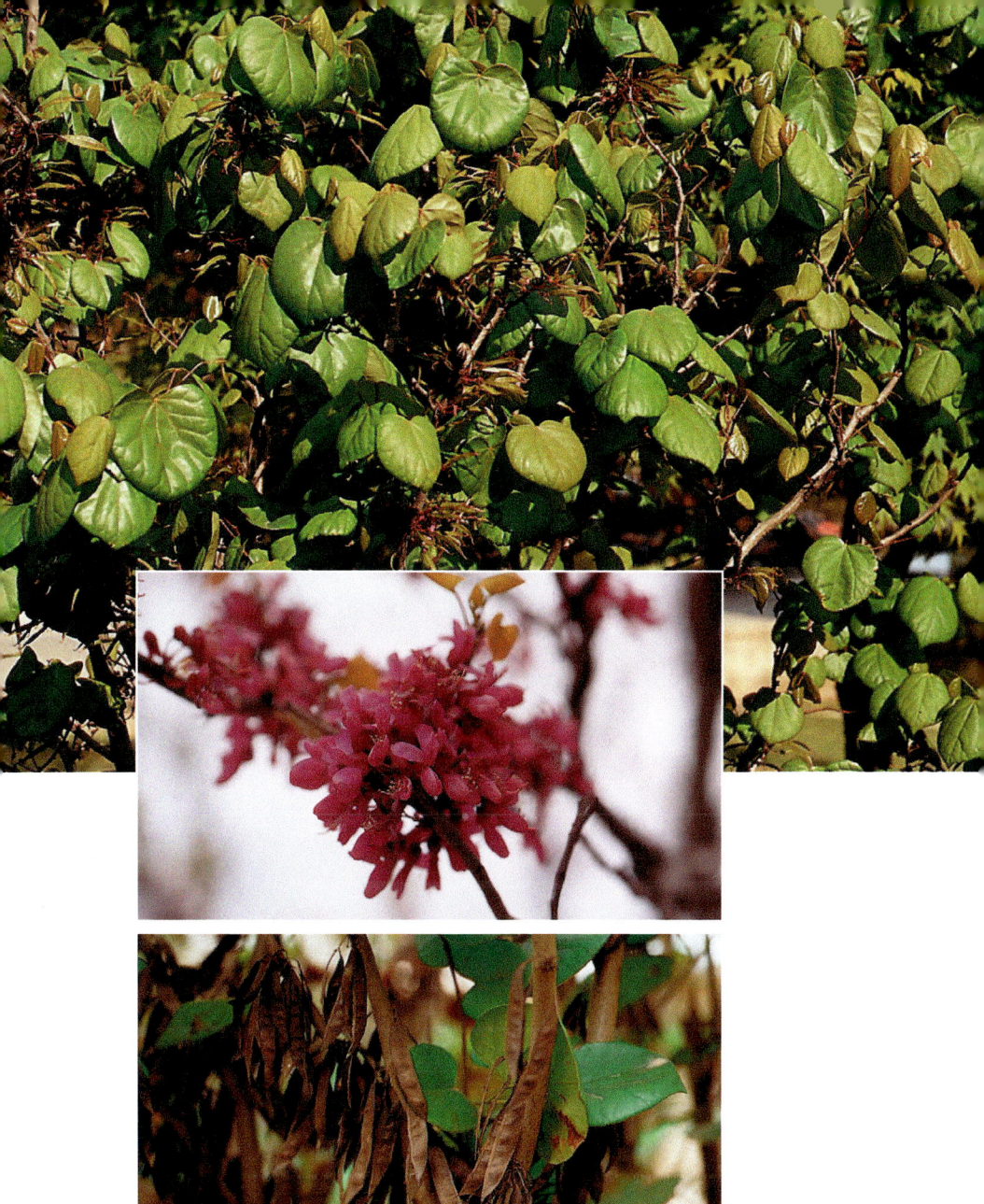

방가지똥(Milk Thistle, 苦菜)
Sonchus oleraceus L.

유라시아의 열대에서 온대에 걸쳐 널리 분포하며 현재는 세계 각지에 귀화해 있는 국화과 식물로 우리나라 곳곳의 길가, 빈터에서 흔히 볼 수 있는 2년생풀이다.

줄기는 속이 비어 있고 30 내지 100센티미터에 이르며 보통 윗부분에 면모가 있다. 식물체는 전체가 흰 분에 덮인 것처럼 창백한 녹색이며 상처를 내면 우유 같은 흰 즙이 나온다. 겨울을 넘긴 근생엽은 경생엽보다 작고 꽃필 때까지 남아 있는 경우도 있다. 경생엽은 어긋나고 아래의 잎은 길이 15 내지 25센티미터, 너비 5 내지 8센티미터의 긴 타원형 또는 넓은 도피침형으로 우상으로 깊게 갈라지고 가장자리에 바늘처럼 뾰족한 불규칙한 톱니가 생긴다. 밑은 원줄기를 감싸며 양끝이 귓불처럼 튀어나온다.

본체에서 줄기 윗부분에서 가지가 나고 여름 동안 끝에 노랑색 두상화를 피우는데 전체적으로 산형에 가깝다. 총포는 길이 11밀리미터, 너비 12 내지 18밀리미터인데 꽃이 진 뒤 열매가 부풀어오름에 따라 밑부분이 커진다. 포편은 비늘처럼 포개져서 3 내지 4줄로 배열되는데 위로 갈수록 길어져서 외편은 3.5 내지 4.5밀리미터, 내편은 9밀리미터에 이르고 겉에는 선모가 있다. 두상화는 길이 11 내지 12밀리미터, 너비 1밀리미터, 통부의 길이가 6밀리미터인 노랑색 설상화로만 되고 1.5 내지 5.5센티미터 길이의 꽃자루를 가진다.

열매는 좁은 도란형의 수과로 갈색이고 길이 3밀리미터이며 가로와 세로로 얽힌 주름이 있다. 관모는 길이 6밀리미터에 흰색으로 광택이 있다.

어린잎은 삶아서 물에 담갔다가 나물로 먹기도 한다. 유럽, 인도, 뉴질랜드, 자바 등지에서는 야채 샐러드의 재료가 된다. 중국에서는 설사 · 황달 · 치질의 치료제, 뱀에 물렸을 때 해독제로 사용한다.

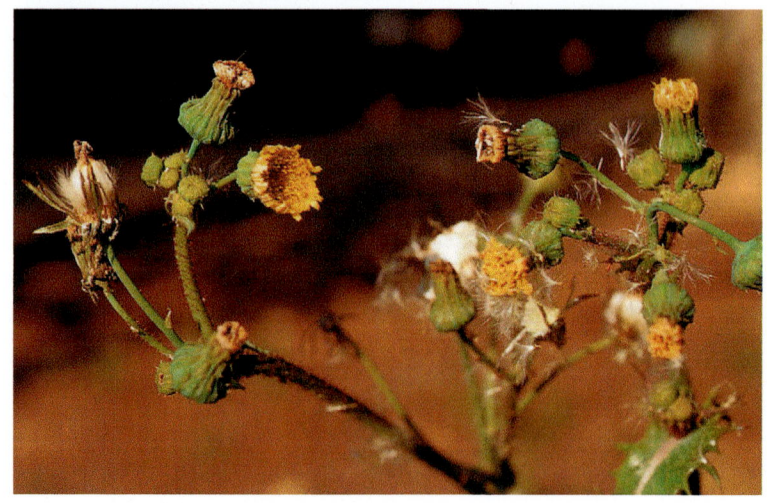

무

염색 방가지똥과 큰방가지똥은 형제 관계인 식물로 그 모양과 사는 곳도 비슷하다. 노랗게 꽃이 피었을 때에 줄기째 잘라서 이용하는데 얻어지는 색도 비슷하다. 9월 장성군 입암산의 전남대 수련원 주변에서 방가지똥을 채집하였다. 잘게 자른 다음 끓여서 염액을 만들었는데 염액의 색에 비해 옅게 물들어서 반복 염색하였다. 매염제에 대한 반응은 좋은 편이다.

동

철

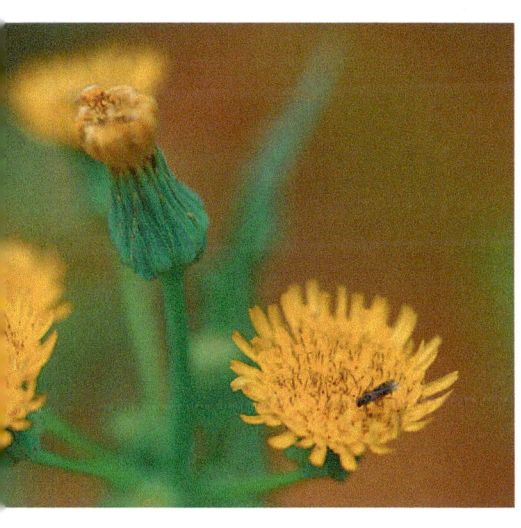

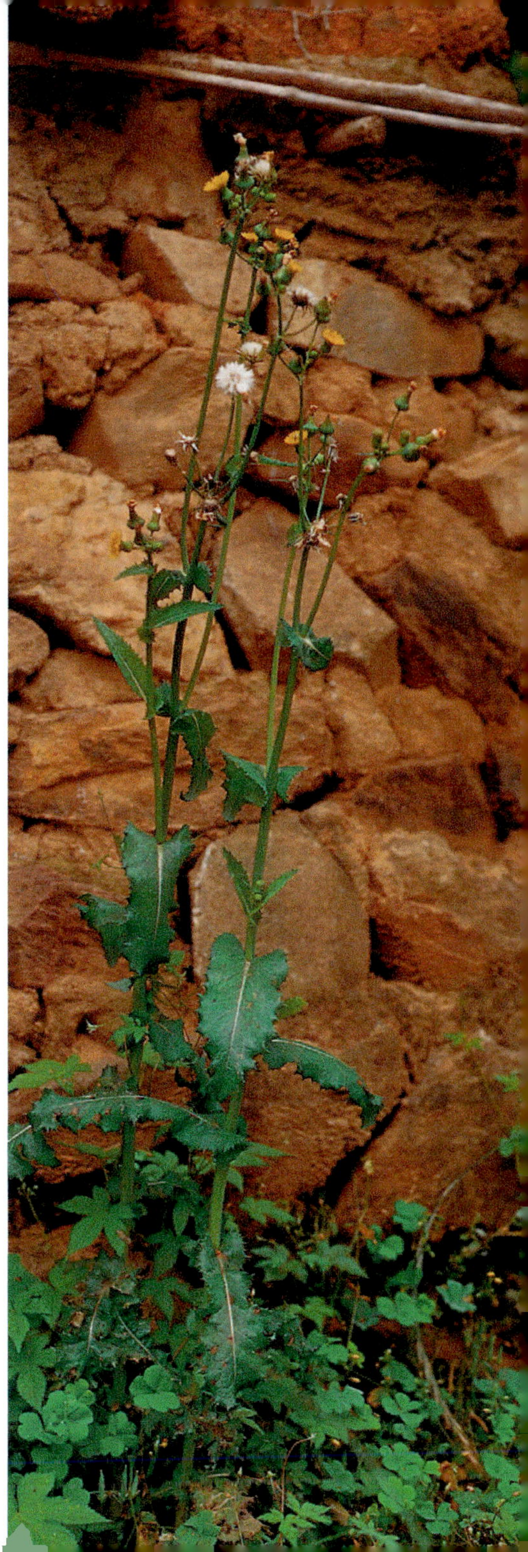

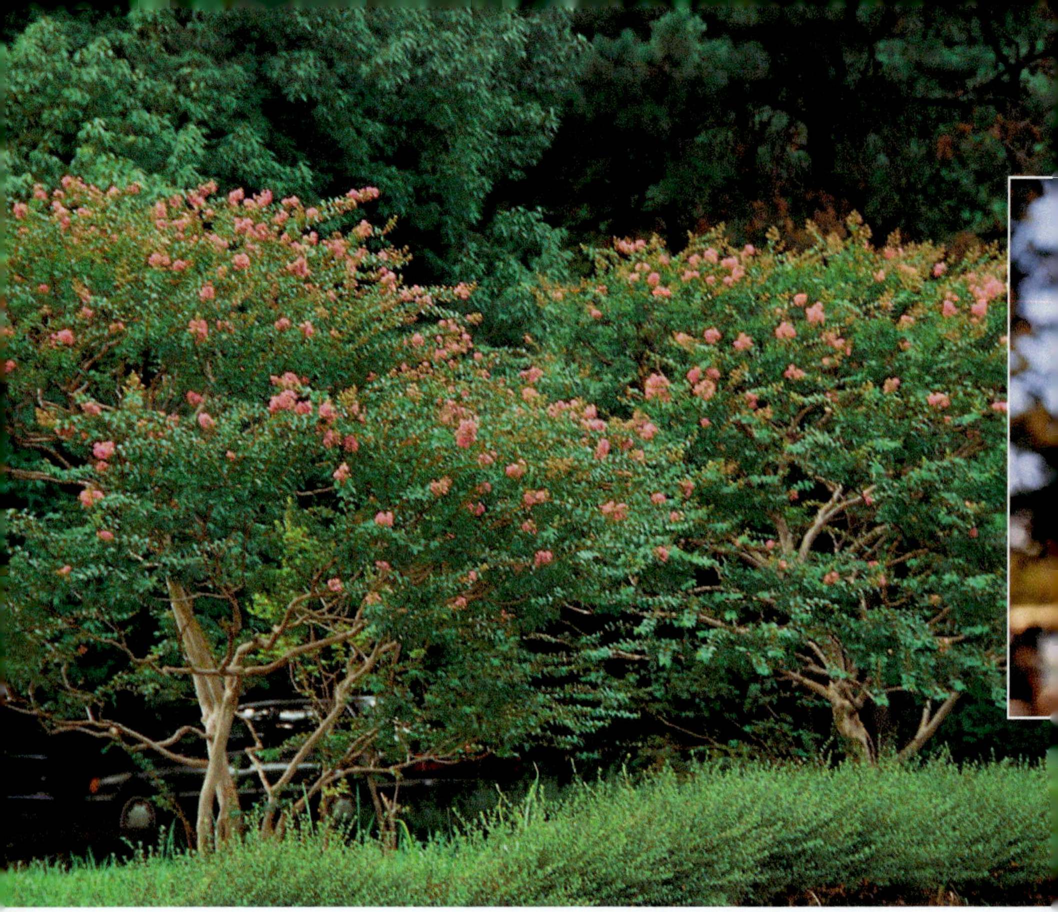

염색 배롱나무 잎에는 타닌 성분이 많아서 철을 매염제로 하여 흑갈색 계통의 색을 얻을 수 있는 좋은 염료 식물이다. 길가나 정원에 흔히 심기 때문에 재료를 쉽게 얻을 수 있다. 10월 전남대 교수 아파트 주변의 배롱나무에서 잎만을 따 모았다. 잘게 잘라 20분간 끓여서 염액을 추출하였다. 염액이 식으면 짙은 진흙과 같은 앙금이 바닥에 가라앉으므로 얼룩이 지지 않도록 주의한다. 매염제에 대한 반응도 좋은 편이다.

무   동   철

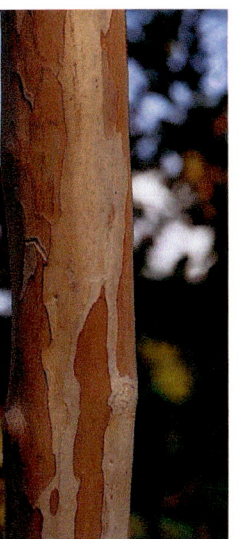
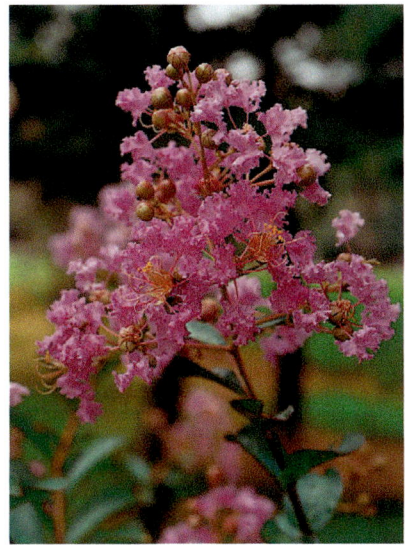
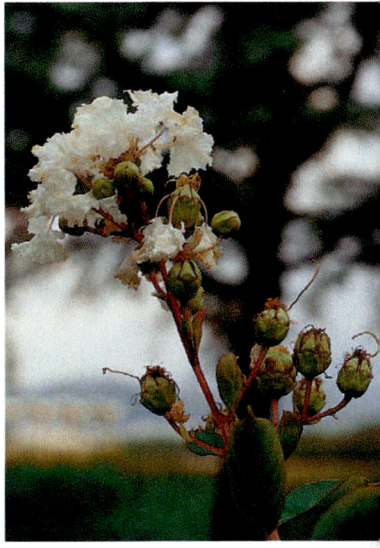

배롱나무(백일홍, Crape Myrtle · Indian Lilac, 百日紅 · 紫薇)
Lagerstroemia indica L.

중국 남부가 원산지이며 동북 아시아 여러 곳에 분포하는 부처꽃과의 낙엽 지는 큰키나무로 키가 3 내지 7미터에 이르고 주로 남부 지방의 정원에 널리 심는다.

줄기는 매끄럽고 연한 홍자색이며 군데군데 큰 조각으로 쉽게 벗겨지고 벗겨진 부분은 흰색을 띤다. 가지가 많이 갈라져서 옆으로 퍼지고 어린 가지에는 4개의 능각이 있으며 털이 없다. 잎은 마주나는데 약간 빗겨나기도 하며 길이 2.5 내지 7센티미터로 타원형 또는 도란형으로 양끝이 뾰족하거나 둔하다. 잎몸은 두껍고 가장자리는 매끈하며 표면은 털이 없고 윤이 나며 뒷면은 맥을 따라 털이 있다. 잎자루는 거의 없다.

꽃은 가지 끝에 모여 달리는데 길이 10 내지 20센티미터의 큰 원추꽃차례를 형성한다. 꽃받침은 구형으로 끝이 6개로 뾰족하게 갈라지고 녹색 또는 홍자색으로 털이 없다. 꽃잎은 6개로 주름이 많고 꽃색은 흰색에서 자홍색까지 변이가 심하고 겹꽃도 있다. 꽃은 지름 3센티미터 정도이고 양성으로 30 내지 45개 정도의 수술 가운데 가장자리의 6개가 가장 길고 중앙에 1개의 암술이 있는데 암술대는 수술보다 길다. 여름부터 가을에 걸쳐서 계속 꽃이 피기 때문에 '백일홍'이라는 이름으로 불리기도 한다.

열매는 삭과로서 길이 1 내지 1.2센티미터의 넓은 타원형으로 보통 6개의 방으로 이루어지고 껍질이 단단하여 늦가을에 익는다.

다양한 꽃색과 매끄럽고 알록달록한 나무껍질이 특징이며 여름부터 가을까지 계속 꽃을 볼 수 있기 때문에 꽃나무로 널리 심고 있다.

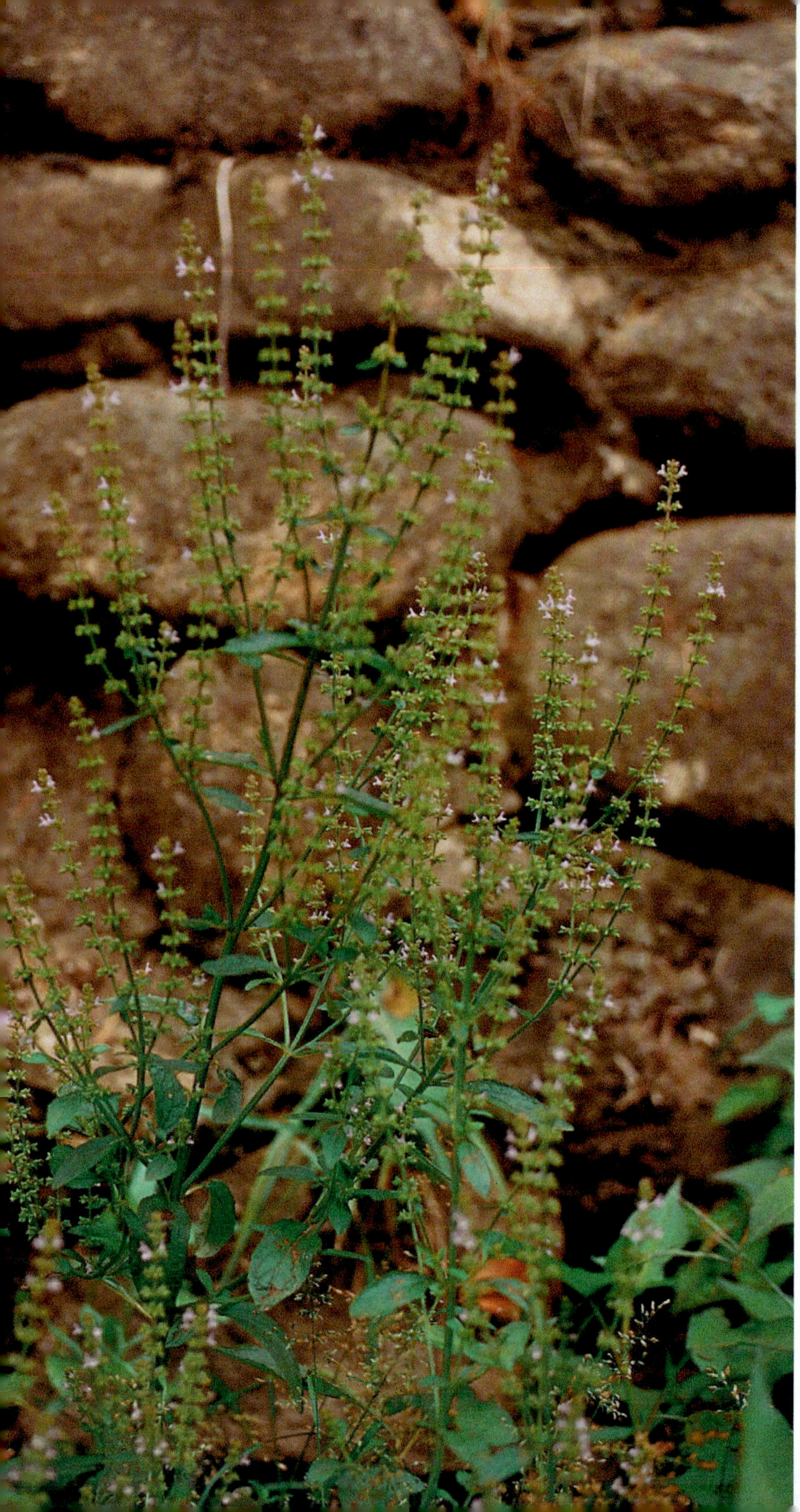

염색 5월 전남대 농대 묘포장 옆에 배암차즈기의 대집단이 나타났다. 갑자기 생긴 빈터를 차지한 것으로 이듬해 이 집단은 다른 식물의 침입에 의해 대폭 줄어들었다. 꿀풀과의 식물들은 대부분 독특한 향이 있는 허브 식물이다. 따라서 채취할 때는 물론 염액을 추출할 때에도 짙은 향을 즐길 수 있었다. 또한 매우 좋은 염료로 한 번의 염색으로도 짙은 색을 얻을 수 있었으나 얼룩이 지는 경향이 있으므로 주의해야 한다. 매염제에 대한 반응이 좋고 특히 철에 대한 반응이 빠르고 색도 짙다.

무

배암차즈기(雪見草)

Salvia plebeia R. Br.

인도, 중국, 일본, 말레이시아 등의 아시아 동남부에서 오스트레일리아 북부까지 분포하며 꿀풀과에 속한다. 약간 습기 있는 들판이나 논밭 부근에서 모여 자라는 2년생풀로 휴경논이나 도랑 근처에서는 큰 무리를 이룬다.

가을에 싹이 터서 겨울을 근생엽으로 넘기는데 근생엽은 경생엽보다 크고 지면으로 퍼지지만 꽃이 피기 전에 없어진다. 줄기는 네모지고 아래를 향한 잔털이 있으며 30 내지 70센티미터까지 자란다. 경생엽은 마주나고 길이 3 내지 6센티미터, 너비 1 내지 2센티미터의 긴 타원형 또는 넓은 피침형으로 끝이 둔하고 밑이 뾰족하다. 표면은 연록색으로 오글오글하게 주름이 지고 가장자리에 둔한 톱니가 있고 양면에 잔털이 있다. 5월에서 7월 사이에 줄기 끝과 줄기 윗부분의 잎겨드랑이에서 총상꽃차례가 생겨서 연한 자주색의 작은 꽃이 여러 단으로 돌려 난다. 꽃받침은 통모양으로 2.5 내지 3밀리미터로 계속 자라 4밀리미터에 이르고 끝이 얕지만 5개로 갈라진다. 꽃은 윗입술과 아랫입술로 된 순형화로 4 내지 5밀리미터로 아랫입술이 보다 크고 자주색 반점이 있다. 수술은 4개인데 그 가운데 2개는 다른 2개보다 길다. 열매는 4개의 분과로 나누어지는데 각 분과는 0.8밀리미터 정도로 넓은 타원형이다.

중국에서는 전초를 약용으로 하여 객혈, 토혈, 혈뇨, 복수가 차는 데에 이용한다.

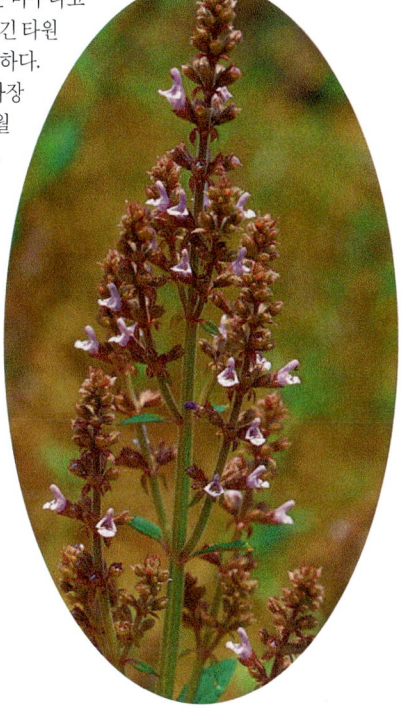

동

철

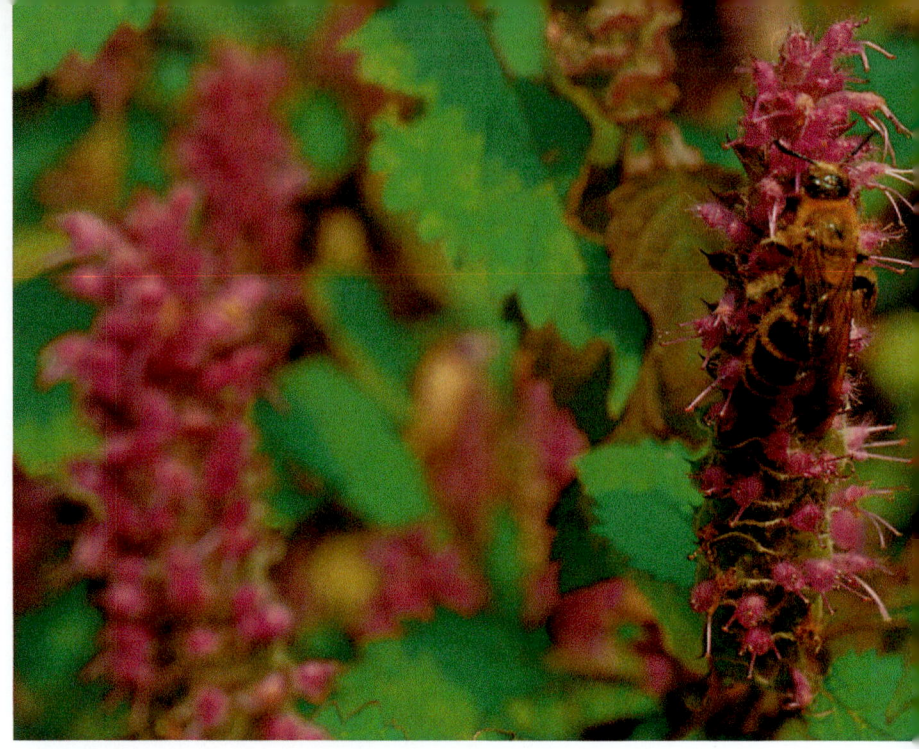

배초향(藿香)

Agastache rugosa (Fisch. et Meyer) O. Kuntze

중국, 대만, 일본에 분포하며 양지바른 산지의 풀밭이나 전석지에서 잘 자라는 꿀풀과 여러해
살이풀로 식물체에 특이한 향기가 있다.

줄기는 단면이 4각형이고 녹색으로 상당히 질기며 곧추 자라서 40 내지 100센티미터에 이르
고 위에서 가지가 많이 갈라져 더부룩해진다. 잎은 마주나고 달걀 모양 심장형으로 길이 5 내
지 10센티미터, 너비 3 내지 7센티미터로서 끝이 뾰족하고 밑이 심장형이거나 둥글다. 표면은
녹색이고 뒷면은 보다 밝은 녹색이며 양면에 털이 없고 가장자리에 둔한 톱니가 있다. 잎자루
는 길이 1 내지 4센티미터이다.

7, 9월에 줄기와 가지 끝에 작은 자주색의 순형화가 층을 이루고 돌려 나서 윤산꽃차례를 이룬
다. 꽃차례는 길이 5 내지 15센티미터, 너비 2센티미터 정도이다. 꽃받침은 길이 5 내지 6밀리
미터의 통 모양으로 깊게 5개로 갈라지며 열편은 좁은 삼각형으로 끝이 뾰족하다. 꽃잎은 8 내
지 10밀리미터 길이의 좁고 긴 통 모양으로 끝이 옅게 갈라지고 펴져서 윗입술과 아랫입술을
이루며 아랫입술은 다시 3개로 갈라지고 그 중 가운데 열편이 가장 길다. 수술은 4개인데 그 중
2개가 보다 길고 암술은 하나인데 암술대도 매우 길어서 수술과 함께 화통 밖으로 길게 뻗어
나온다. 열매는 분과로 길이 1.8밀리미터의 도란상 타원형이다.

연한 순은 나물로 먹기도 하며 한방에서는 잎을 말려서 감기약, 두통약으로 쓴다. 민간에서는
해열제로 쓰기도 한다.

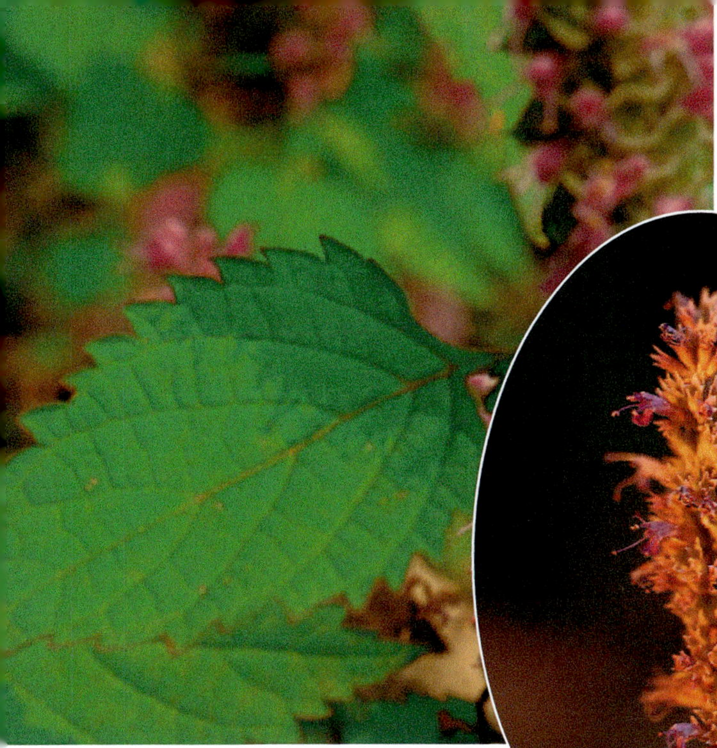

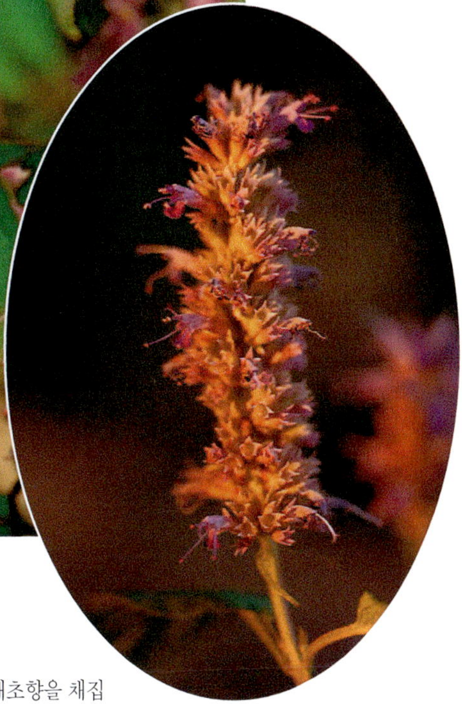

염색 10월 여름에 미리 보아 두었던 배초향을 채집
하러 담양군 성암야영장 뒷산으로 갔다. 햇빛과 약간의 습
기만 있으면 금방 무리를 만드는 배초향은 허브의 일종으로 채집하는 동안 손에 독특한 향이
배었다. 잘게 썰어진 줄기와 잎을 20분간 끓여서 염액을 추출하였다. 염액에서도 짙은 향이 나
서 물들이는 동안 내내 향을 즐길 수 있었다. 매염제에 대한 반응이 좋아서 짙고 깊은 색을 얻
을 수 있었다.

알루미늄	동	철

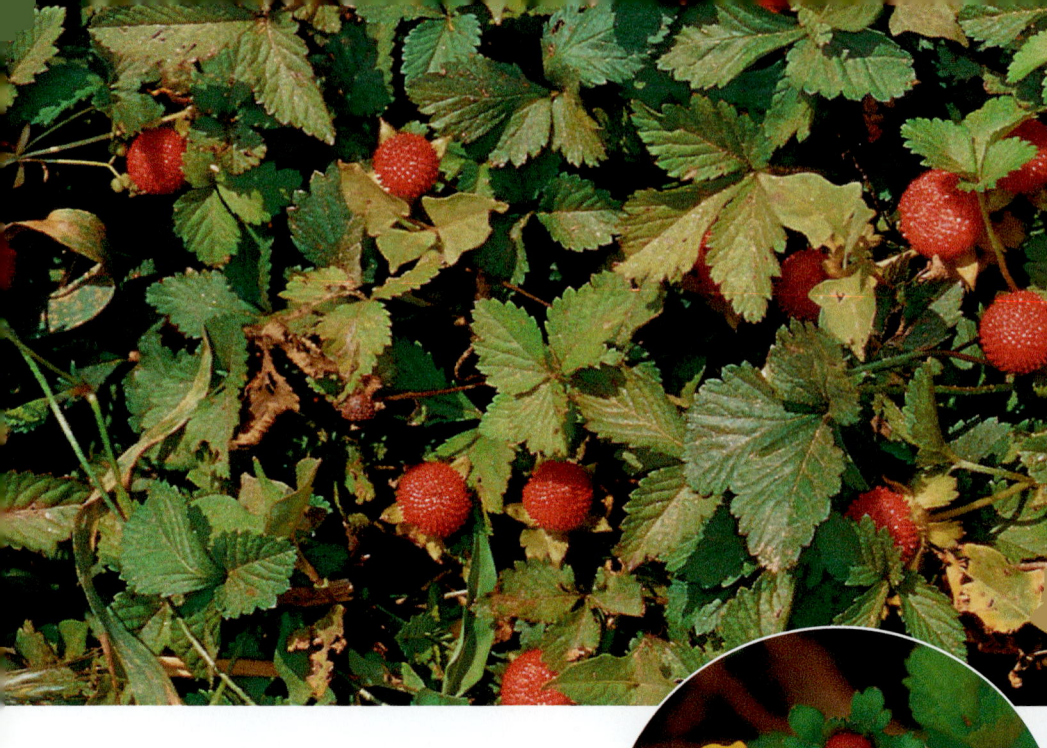

뱀딸기(Mock-Strawberry, 蛇苺)
Duchesnea chrysantha (Zoll. et Morr.) Miq.

중국, 말레이반도, 인도와 일본 각지에 분포하며 장미
과에 속하는 여러해살이풀이다. 들판의 길가, 경작지
주변 등 햇빛이 잘 드는 곳에서 흔히 볼 수 있으며 기는줄
기를 뻗어서 번성한다. 줄기에는 긴 털이 있는데 마디는 짧
으나 꽃이 핀 뒤 길게 뻗어 자라며 마디에서 뿌리가 내린다. 잎
은 어긋나고 3출 복엽으로 긴 잎자루가 있다. 소엽은 타원형 또는
달걀 모양 타원형으로 끝은 둔하고 밑은 쐐기 모양으로 뾰족하고 가장자리
에는 큼직한 치아상 톱니가 있다. 길이 2 내지 3센티미터, 너비 1.5 내지 2센티미터로서 표면에
는 거의 털이 없고 뒷면에는 맥을 따라 긴 털이 있다. 턱잎은 7밀리미터 길이의 달걀 모양 피침
형으로 가장자리는 밋밋하다.

4, 5월에 걸쳐 잎겨드랑이에서 긴 꽃대가 나와 황색의 꽃을 한 개씩 피운다. 꽃에는 꽃잎보다
약간 큰 녹색의 꽃받침과 부꽃받침이 있어서 특이하게 눈에 띈다. 꽃받침은 5개로 넓은 피침
형이고 끝이 뾰족하며 긴 털이 많고 그 위쪽에 있는 부꽃받침은 보다 크고 도란상 쐐기형으로
끝이 3개로 갈라지고 긴 털이 많다. 꽃잎은 5개로 끝이 약간 오목한 5 내지 10밀리미터의 넓은
도심장형인데 꽃잎 사이사이로 부꽃받침이 보인다. 수술은 20개이고 암술은 무수히 많다.

열매는 꽃받기(화탁)가 부풀어서 된 가과(假果)로서 지름 10밀리미터 정도의 공 모양으로 겉은
연한 붉은색이고 속은 희며 해면질이다. 열매의 표면에 붉은빛이 도는 작은 수과가 점점이 흩

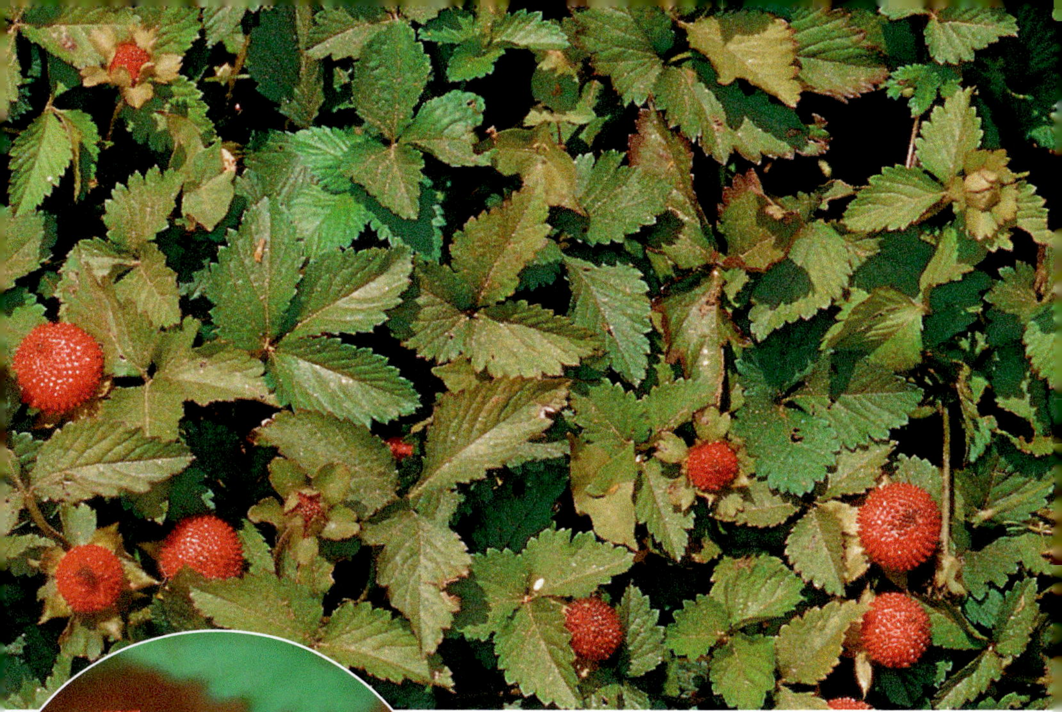

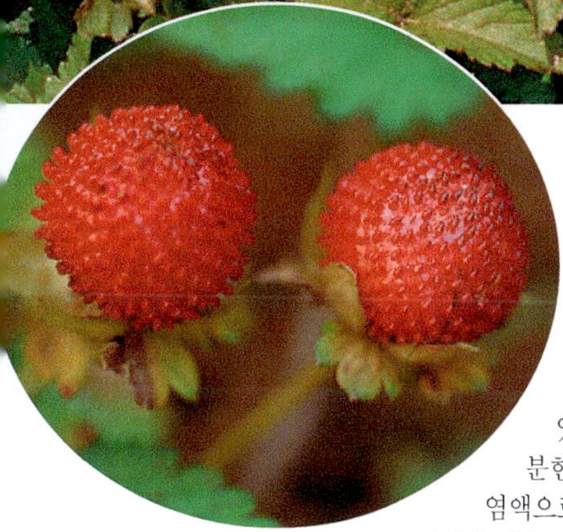

어져 있어 오톨도톨하다.
　열매에 독은 없으나 맛도 향도 없기 때문에 뱀이나 먹
는다 하여 뱀딸기라는 이름이 붙었다.

　염색　담양군 창평은 대숲으로 유명한 지방이다. 6월
죽순을 따기 위해 들어간 대숲에 뱀딸기가 무리지어 있
었다. 가는 줄기와 몇 장의 잎으로 된 작은 식물이어서 충
분한 양을 채집하는 데 상당한 시간이 소요되었다. 적은 양의
염액으로도 잘 물드는 좋은 염료로 반복 염색에 의해 짙은 색을
얻었다. 같은 해, 8월 열매만으로 물을 들였더니 잎과는 다른 색으로 물
들었다. 매염제에 대한 반응이 좋으나 심하게 얼룩이 지므로 주의해야 한다. 철을 조금 쓰면
보라색이 나온다.

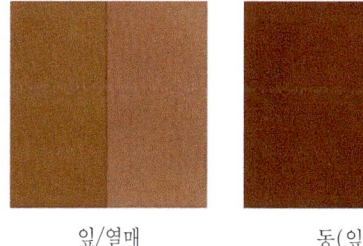

잎/열매　　　　　　　동(잎)　　　　　　　철(잎)

벌깨덩굴(芝麻花)
Meehania urticifolia (Miq.) Makino

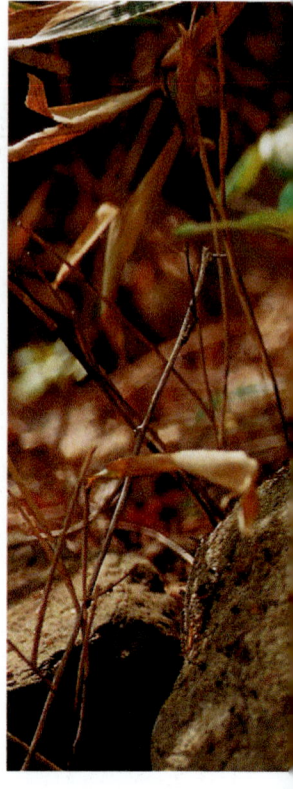

중국 북부, 일본 등지에 분포하며 산속 그늘진 곳에서 자라는 꿀풀과 여러해살이풀이다.

줄기의 단면은 사각형으로 길게 땅위를 벋는 줄기와 꽃을 피우는 줄기가 따로 있다. 꽃을 만드는 줄기는 기는줄기의 마디에서 나와 곧추서서 15 내지 30센티미터에 이르고 5쌍 정도의 잎이 달린다. 잎은 마주나고 긴 잎자루가 있으며 삼각상 또는 난원상 심장형으로 끝은 뾰족하고 밑은 심장상이며 가장자리에 둔한 톱니가 있고 길이 2 내지 5센티미터, 너비 2 내지 3.5센티미터에 이르나 기는줄기의 잎은 너비가 10센티미터에 이른다. 줄기 아래의 잎에는 2 내지 5센티미터의 잎자루가 있으나 위로 올라갈수록 짧아져 윗부분의 잎은 잎자루가 없이 줄기를 감싼다.

꽃은 5월경에 피며 곧추선 줄기의 윗부분 잎겨드랑이에 생기는데 한 마디에서 2개씩 한쪽 방향으로 치우쳐서 핀다. 꽃받침은 짧은 통상으로 길이는 1센티미터이며 끝이 5개로 짧게 갈라진다. 꽃잎은 길이 4 내지 5센티미터의 순형화로 통부는 중앙 이상이 갑자기 부풀어오르며 끝은 둘로 갈라져서 윗입술과 아랫입술을 이룬다. 윗입술은 다시 옅게 둘로, 아랫입술은 셋으로 나뉘는데 그 가운데 중앙 열편이 가장 길다. 아랫입술의 안쪽에는 짙은 자주색 반점과 길고 흰 털이 있다. 수술은 4개로 2개는 길다.

열매는 좁은 도란형의 분과이며 길이 3밀리미터 정도로 성기게 잔털이 있다. 꽃이 진 뒤 긴 덩굴 모양의 줄기가 자라나 마디에서 뿌리를 내려 새로운 개체를 만드는 영양 번식을 한다.

어린순을 삶아서 물에 담갔다가 나물로 한다. 꽃이 크고 예뻐서 관상용으로 적합하나 아직 널리 이용되고 있지는 않다.

염색 5월 장흥 가지산의 낙엽 활엽수림으로 덮인 계곡에서 채집하였다. 벌깨덩굴은 염료로 이용되었다는 기록도 없고 한 번도 물들여 보지 않은 식물이다. 꽃이 피기 시작한 개체의 지상부만을 잘라서 염액을 만들었다. 염액은 생각보다는 짙은 색으로 천을 담가 보았더니 금방 물이 들었다. 매염제에 대한 반응도 좋아서 다양한 색을 얻을 수 있으며 반복하여 염색해서 짙은 색을 낼 수 있었다.

| 무 | 동 | 철 |

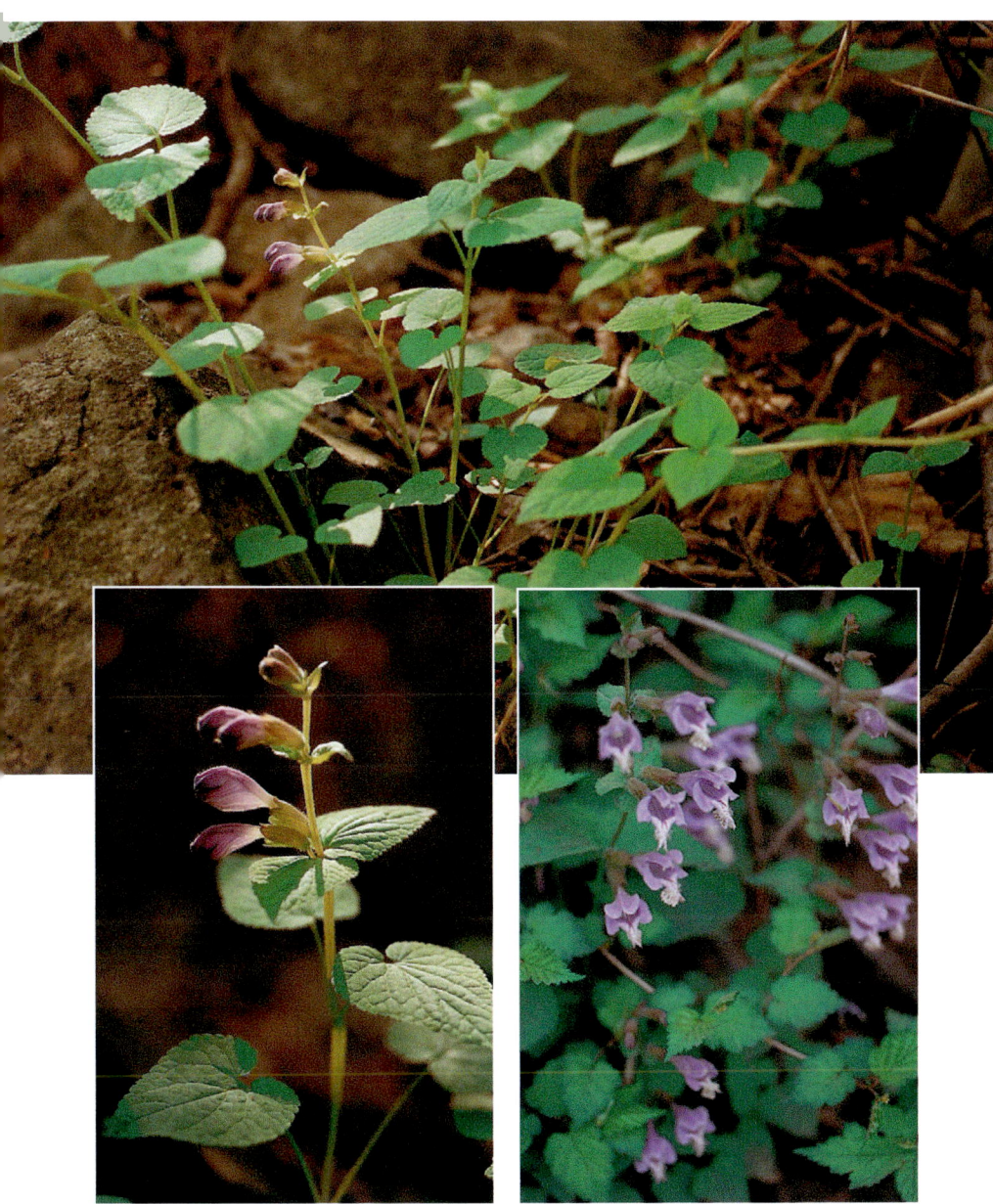

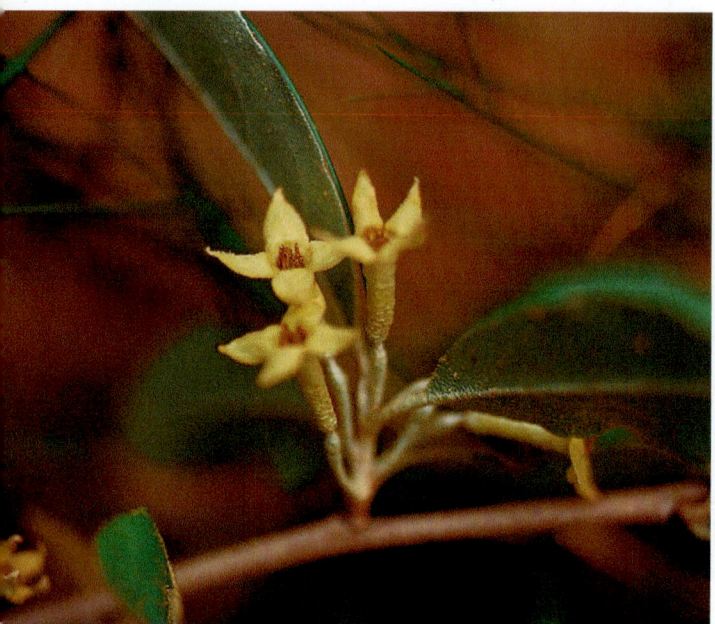
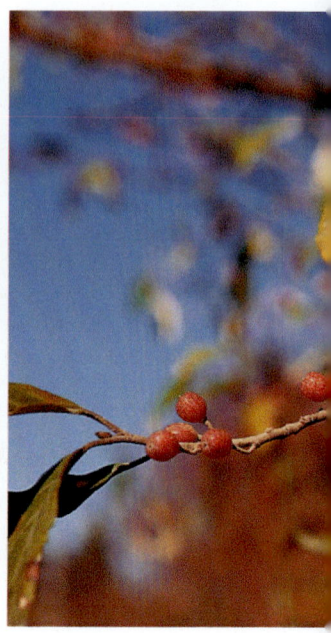

보리수나무(볼네나무·보리장·보리똥·보리화주나무, Autumn Elaeagnus)
Elaeagnus umbellata Thunb.

히말라야에서 중국을 거쳐 일본까지 분포하며 낙엽 지는 작은키나무로 보리수나무과에 속한다. 우리나라에서는 중부 이남 지역에서 자란다.

곧추 자라 3 내지 4미터에 이르며 가지가 많이 갈라지고 가지 끝이 가시로 되며 어린 가지는 회백색이다. 잎은 어긋나고 길이 3 내지 7센티미터, 너비 1 내지 2.5센티미터의 타원형 또는 달걀모양 긴 타원형으로 끝이 둔하거나 짧게 뾰족하고 밑이 둔하거나 둥글다. 잎가장자리는 매끈하고 뒷면은 은백색 성상 은모로 덮이며 잎몸이 약간 마른 듯하며 딱딱하다.

5, 6월에 새 가지의 잎 겨드랑이에 몇 개의 꽃이 생겨서 작은 산형꽃차례를 이룬다. 꽃받침은 통모양으로 길이 12밀리미터로서 자방의 바로 윗부분에서 가볍게 잘록해지고 끝이 4개로 갈라져 펴지며 전면이 백색 인편으로 덮여 있고 흰색인데 곧 연노랑색으로 변한다. 꽃잎은 없다. 수술은 4개이고 중앙에 암술이 하나 있으며 자방은 꽃받침통의 잘록한 부위의 아래에 있고 암술대에 인모가 있다.

열매는 자방을 둘러싼 꽃받침통이 부풀어서 만들어진 액과(液果)로 둥글며 지름 6 내지 8밀리미터로 겉에 흰색 별 모양의 인편이 점점이 박혀 있고, 8 내지 12밀리미터의 열매자루 끝에 달려서 아래로 처진다. 가을에 열매가 붉게 익으면 먹을 수 있는데 안에 단단한 핵이 있으며 핵의

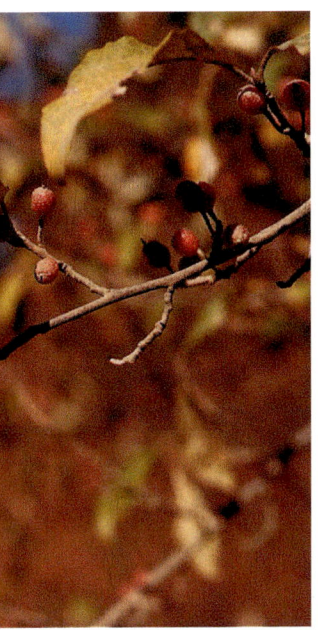
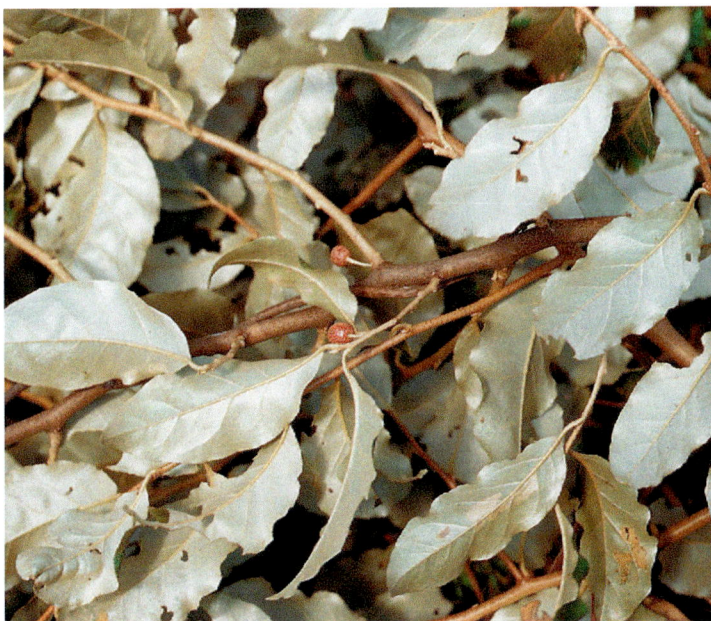

표면에는 길이 방향으로 홈이 있다.
열매는 먹을 수 있고 과일주를 담그기도 한다. 중국에서는 열매, 잎, 뿌리로 가래, 설사, 임질을
다스린다.

염색 보리수나무는 건조한 산지의 비탈이나 길가에서 흔히 볼 수 있는 식물로 잎, 줄기, 꽃대,
붉은 열매에 은빛 점이 많이 찍혀 있어서 찾기 쉬운 식물이다. 아직 염료 식물로 이용된 적이
없지만 열매의 붉은 색소를 염두에 두고 시험해 보았다. 11월 무등산 밑의 풍암저수지 주변에
서 잎과 열매를 채집하여 함께 갈아서 염액을 만들었다. 예상했던 대로 물이 잘 들고 매염에 대
한 반응이 아주 좋아서 다양한 색을 얻을 수 있었다.

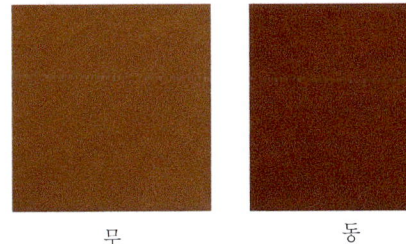

무	동	철

봉선화(Garden balsam, 鳳仙花)
Impatiens balsamina L.

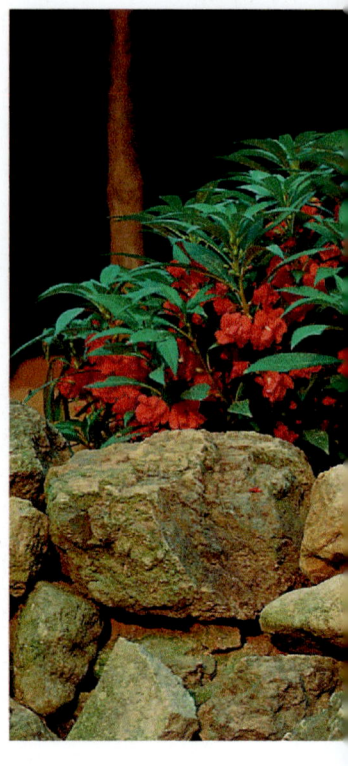

중국, 말레이반도, 인도 원산의 봉선화과의 1년생풀로 꽃이 아름답기 때문에 세계의 어느 정원에서나 널리 재배되고 있다.

줄기는 즙이 많으며 통통하고 부드러우며 밑부분의 마디가 부풀어서 두드러지고 털이 없으며 그다지 가지를 치지 않고 곧추 자라 30 내지 60센티미터에 이른다. 잎은 어긋나고 피침형으로 끝이 뾰족하고 밑이 쐐기 모양으로 점점 좁아지며 가장자리에는 작은 톱니가 있다. 잎자루에 가는 선이 있고 위로 올라갈수록 짧아진다.

여름부터 가을에 걸쳐 잎겨드랑이에서 화축이 나와 2 내지 3개의 꽃이 아래를 향해 매달린다. 꽃은 좌우 상칭이고 꽃잎은 3장으로 양옆의 2장이 가운데 것보다 크다. 꽃색은 빨강, 보라, 분홍, 흰색 등 다양하며 겹꽃을 피우는 품종도 있다. 꽃받침도 3장인데 그 가운데 하나가 뒤쪽으로 대롱처럼 가늘고 길게 벋어 나와 아래로 구부러져서 거(距)를 이루는데 여기에 꿀샘이 있다. 수술은 5개인데 꽃밥이 서로 붙어 있다. 암술의 자방에는 털이 있다.

열매는 삭과로 5개의 방으로 나뉘고 끝이 뾰족한 타원형으로 두툼하며 털이 있다. 씨앗이 익으면 주변으로부터의 자극에 의해 열매껍질이 5개로 오므라들며 터져서 그 탄력에 의해 황갈색의 씨앗이 멀리 튀어나가게 된다.

꽃색, 꽃잎, 식물체의 크기 등에 다양한 변이가 있어서 세계적으로 널리 재배되고 있다. 중국에서는 전초를 통증, 타박상, 부기를 치료하는 데에 쓴다.

염색　옛날에는 봉선화의 붉은 꽃잎으로 손톱에 물을 들였다. 이때 매염제로는 명반을 썼다. 그러나 봉선화로 천을 염색한다는 기록은 아직 보지 못하였다. 8월 소나기를 맞으며 뜰에 핀 봉선화를 잘라 잎과 꽃을 함께 믹서에 간 다음 끓여서 염액을 내었다. 예상대로 좋은 염료 식물로 매염제를 쓰지 않은 상태에서도 곱게 물들었다. 매염제에 대한 반응도 좋아서 각각 짙고 깊은 독특한 색으로 변하였다.

| 명 | 동 | 철 |

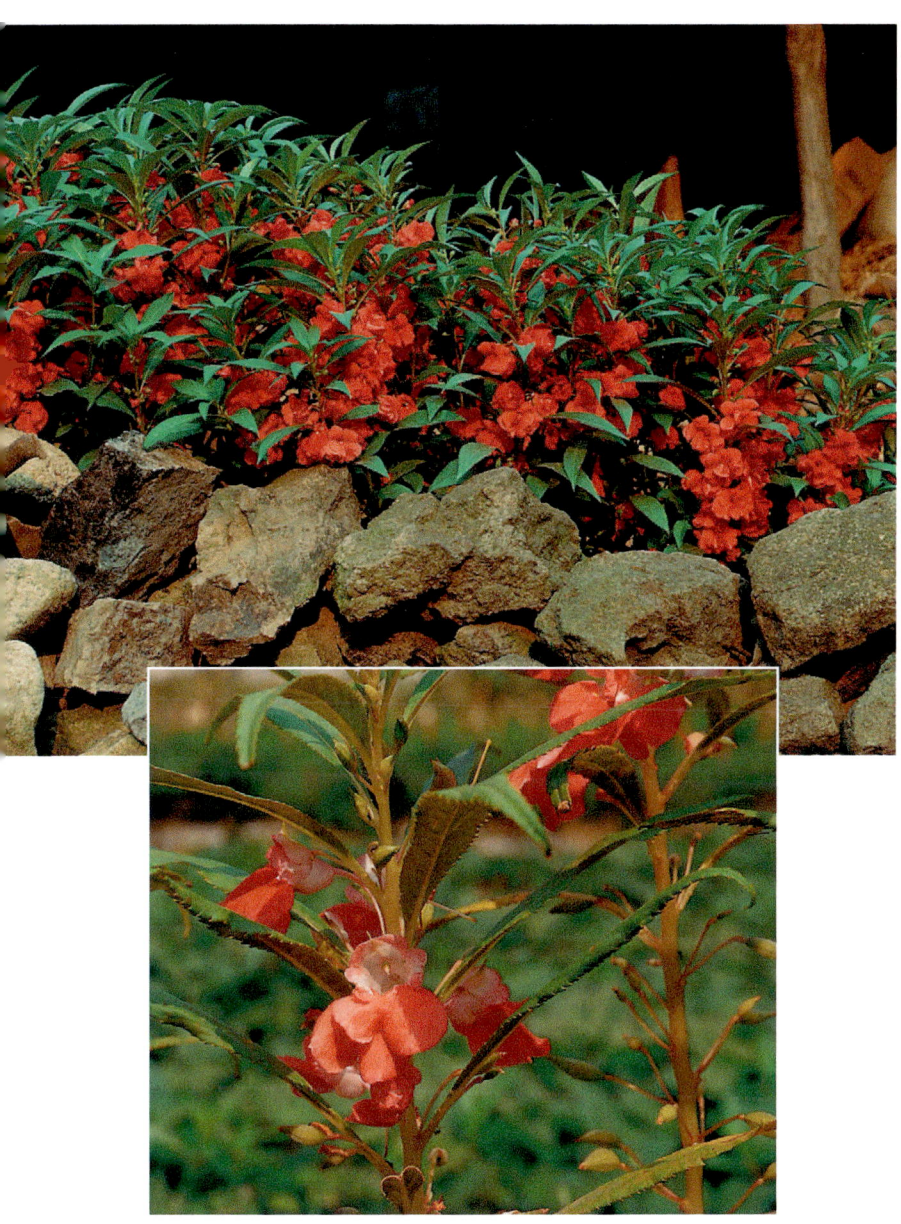

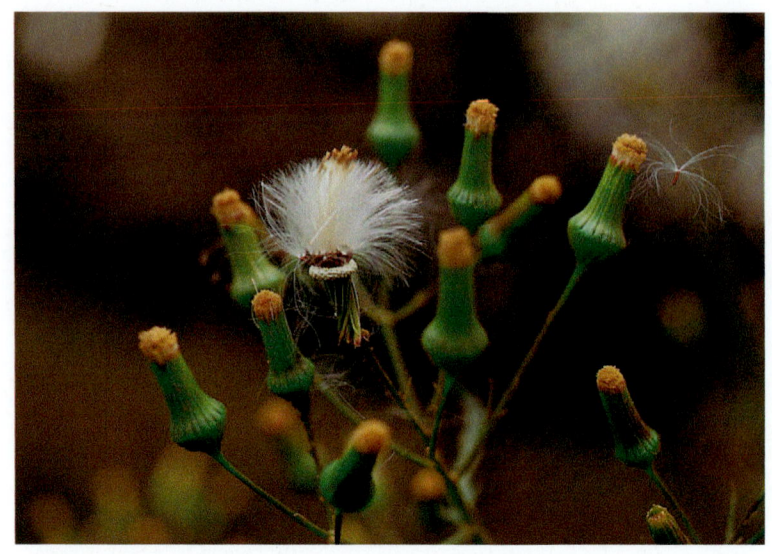

붉은서나물(Pilewort, Firewort)
Erechitites hieracifolia Raf.

북아메리카 원산이나 북반구의 온대 지방과 오스트레일리아, 뉴질랜드에 널리 귀화하여 잡초화하였다. 높이가 0.2 내지 2미터에 달하는 연약한 국화과 1년생풀로 숲속에서 도시의 빈터까지 어디에서나 자란다.

줄기에는 능선이 있고 붉은빛이 돌고 수는 흰색의 해면질이고 털이 없는 것에서 털로 덮인 것까지 변이가 심하다. 잎은 어긋나고 긴 타원형으로 끝이 뾰족하고 밑이 양옆으로 넓어져 잎자루가 없는 경우 약간 줄기를 감싼다. 가장자리는 깃털 모양으로 갈라지거나 날카로운 치아상 톱니가 불규칙하게 파도 모양으로 있고 잎몸은 녹색으로 털이 드물게 있다. 줄기 아래의 잎에는 짧은 잎자루가 있으나 중앙 이상의 잎에는 잎자루가 없다. 잎의 모양이 쇠서나물과 비슷하여 학명의 종소명이 '히에라키폴리아(*hieracifolia*)' 이다.

9월에서 10월에 줄기 윗부분에서 가지가 갈라져서 끝에 두상화를 만들어 전체적으로 커다란 원추꽃차례를 이룬다. 총포는 원통형으로 포편은 1밀리미터 안팎으로 가늘고 매우 짧은 외편과 긴 내편이 단정하게 2줄로 배열하며 보통 털이 없다. 두상화는 통상의 꽃부리를 가진 양성화와 실처럼 가는 꽃부리를 가진 수꽃으로 이루어진다. 꽃부리는 흰색으로 끝이 5개로 갈라지고 암술대는 끝이 납작한 곤봉 모양으로 둘로 갈라진다.

열매는 수과로 길이 2 내지 3밀리미터이며 흑갈색으로 10개의 맥이 있다. 관모는 흰색으로 길이 14밀리미터 정도로 쉽게 떨어진다.

원산지인 북아메리카나 말레이시아 등에서는 야채로 이용한다.

염색 10월 담양군 성암 야영장에 들렀다. 야영장 주변에는 자생 식물보다 외래 식물이 더 많다. 우리가 들여온 식물도 있지만 제멋대로 들어온 서양민들레, 미국자리공, 돼지풀, 붉은서나물 등의 잡초성 귀화 식물들은 자생종을 쫓아내고 주인 행세를 한다. 지천에 널린 붉은서나물을 아낌없이 한아름 잘라서 가져와서 잘게 썬 뒤 **20**분간 끓여서 염액을 만들었다. 반복 염색하여 짙은 색을 얻을 수 있는 좋은 염료이지만 매염제, 특히 철에 대한 반응이 약하다.

무

동

철

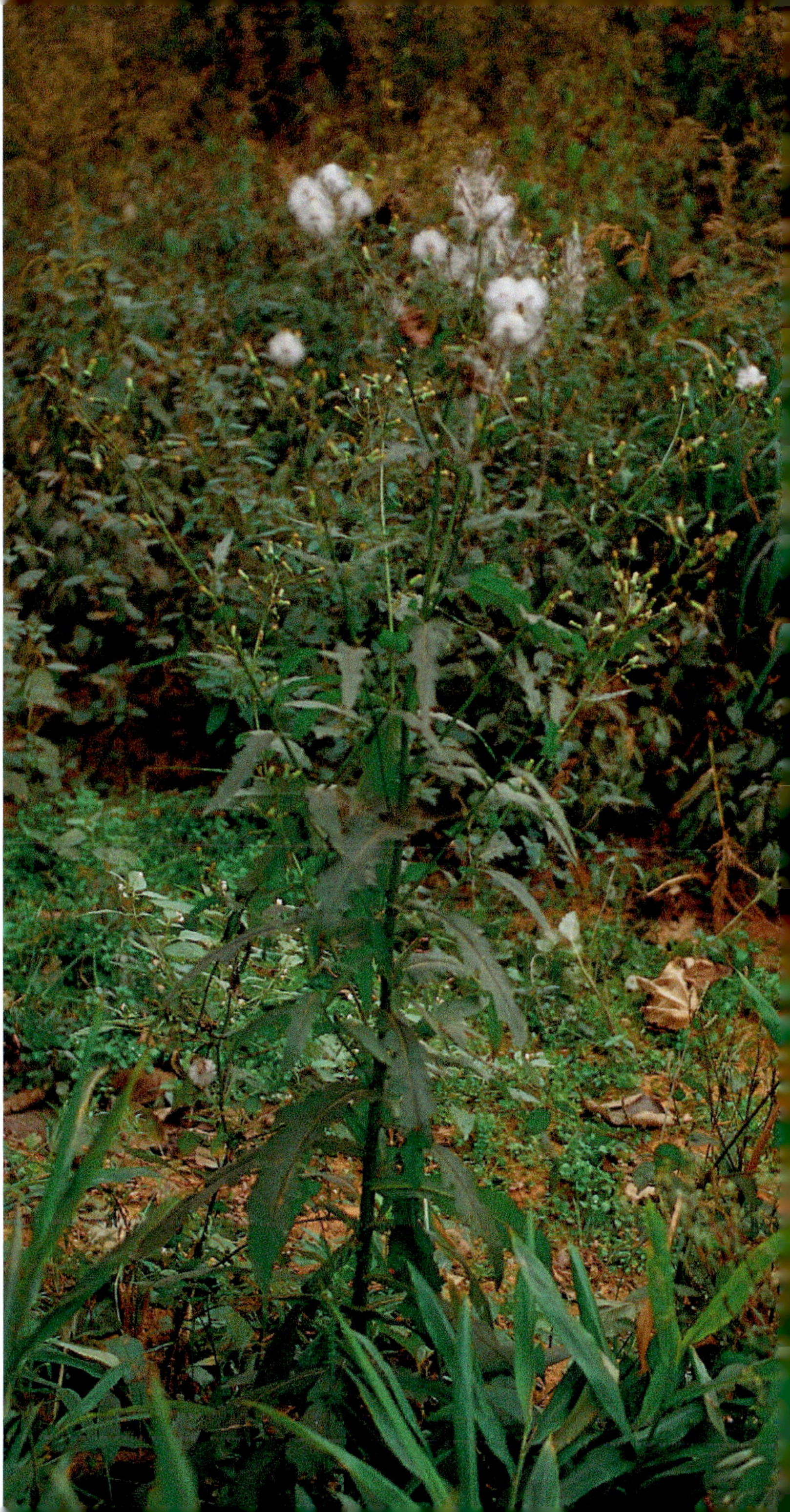

사방오리(矢車附子)

Alnus firma S. et Z.

일본 원산의 자작나무과의 낙엽 지는 큰키나무로 산지 사면이나 도로변이 무너지는 것을 막기 위한 사방수로 각지에 심고 있다.

줄기 아래에서부터 가지가 나와 덤불상으로 자라기도 하나 곧추 자라면 높이 7미터, 지름 30 센티미터에 달하며 새 가지에는 털이 없고 겨울눈은 가는 달걀 모양으로 3 내지 4개의 비늘잎으로 덮여 있다. 잎은 어긋나고 달걀 모양의 피침형으로 끝이 점점 뾰족해지고 밑이 둥글며 길이는 5 내지 12센티미터에 이르고 처음에는 털이 있으나 자라면서 뒷면 맥에만 남는다. 측맥은 12 내지 17쌍으로 서로 수평으로 뚜렷하게 뻗어 나가 잎가장자리에 달하고 가장자리에는

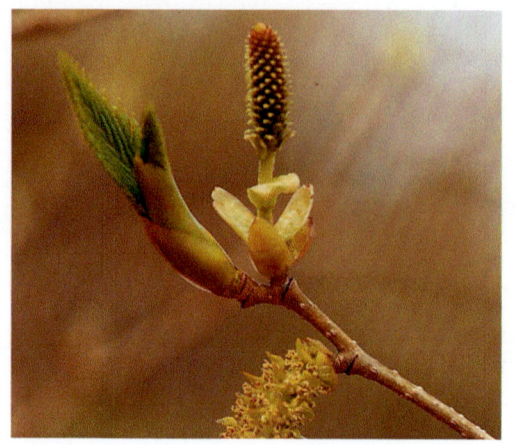 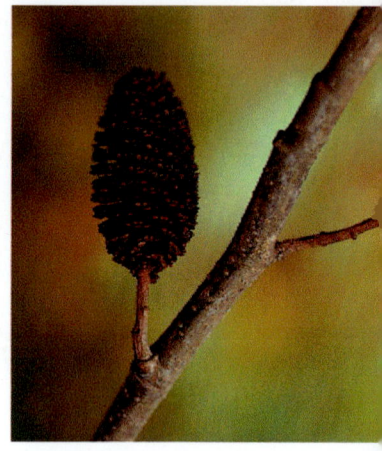

뾰족한 복거치가 있다.

암꽃과 수꽃이 각각 별도의 꽃차례를 이룬다. 수꽃차례는 가지 끝에 3 내지 6개가 달리는데 처음에는 타원형으로 곧추서 있으며 전년도 가을부터 눈에 띈다. 3월경 잎이 피기 전에 길게 자라나 밑으로 처진 꼬리꽃차례가 되어서 바람에 흔들리며 꽃가루를 날린다. 수꽃은 각 포린에 3개씩 달리는데 5개의 수술과 5개로 갈라진 꽃받침이 있다. 암꽃차례는 수꽃차례보다 낮은 곳에 있는 짧은 가지 끝에 1 내지 3개씩 달리며 긴 타원형이다. 암꽃차례에는 옅은 녹색의 포린이 서로 겹쳐서 나선상으로 배열하고 그 겨드랑이에 홍자색의 암꽃이 2개씩 생기는데 암꽃에는 암술대가 2개 있다.

암꽃차례는 자라서 어린 솔방울과 닮은 달걀 모양 타원형의 구과를 이루는데 포린이 변한 과린이 나선상으로 배열하고 그 겨드랑이에 지름 3.5밀리미터의 납작한 열매가 2개씩 생긴다. 열매는 견과로서 가장자리에 가는 날개가 있어서 익으면 과린의 틈새로 빠져 나가 바람에 날려 흩어져 퍼진다.

내건성이 크고 뿌리혹박테리아가 있어서 척박한 토양에도 잘 자라고 뿌리가 깊어서 사방지의 녹화에 적합하다.

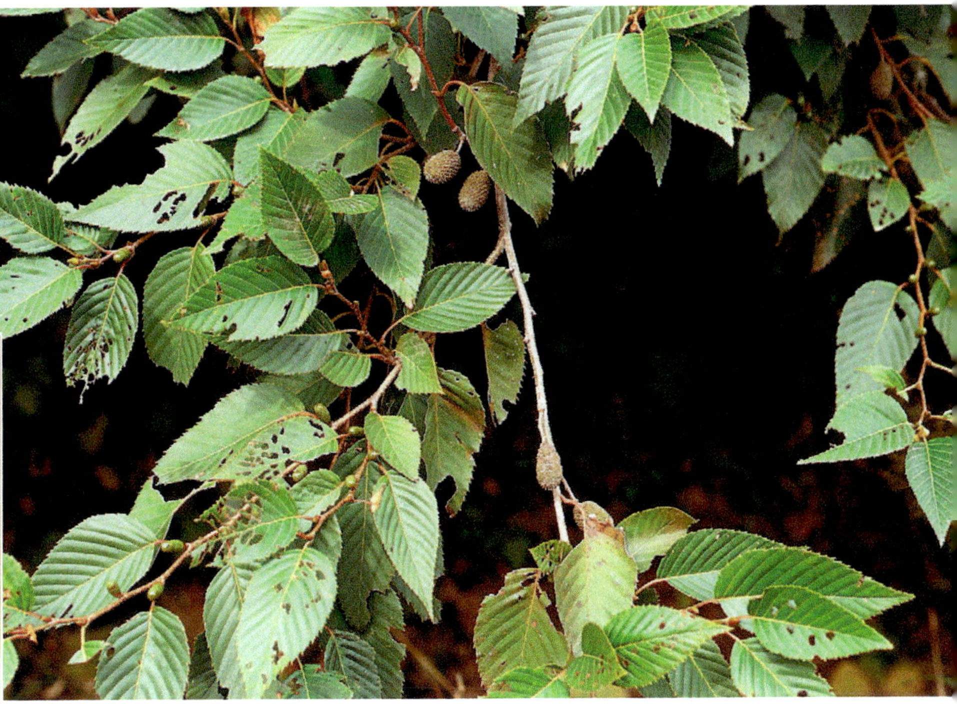

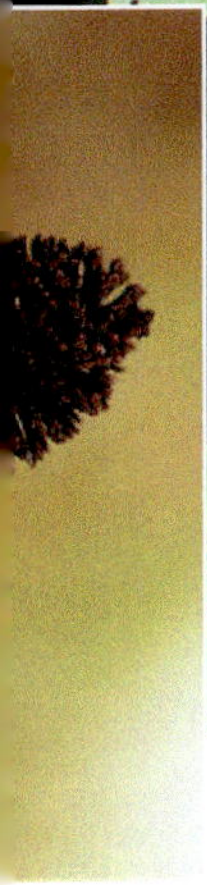

염색 오리나무류의 잎, 나무껍질, 열매에서 얻어진 타닌은 회색, 갈색, 흑색의 염색에 사용되어 왔다. 그러나 나무껍질을 벗겨내면 나무가 상하게 되므로 이미 벌채된 나무가 아니면 잎이나 열매를 사용하도록 한다. 10월 무등산 산장 도로 가장자리에 심겨진 사방오리나무에서 잎과 열매를 각각 채집하였다. 잎은 잘게 썰어서 끓이고 열매는 그대로 끓여서 염액을 만든다. 잎과 열매도 나무껍질 못지않은 좋은 염료로 특히 열매는 적은 양으로도 짙은 색을 얻을 수 있다. 씨앗이 빠져 나가기 전의 열매가 보다 짙은 색을 낸다.

알루미늄   동   철

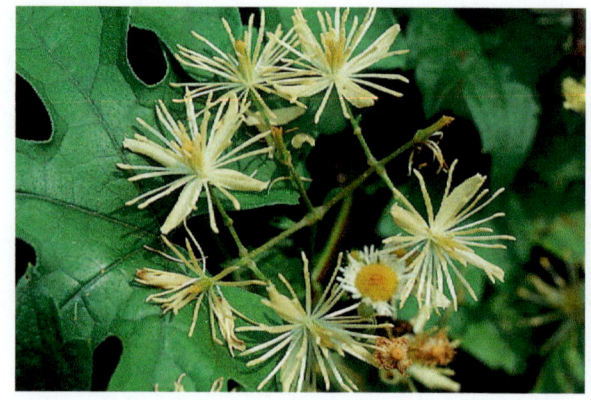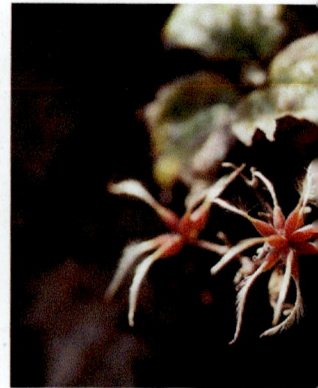

사위질빵(October Clematis, 女萎花木通)
Clematis apiifolia A.P. DC.

햇볕이 잘 드는 산야에서 흔히 볼 수 있는 미나리아재비과의 낙엽성 덩굴식물이다. 일본 혼슈 이남과 중국 남부에 주로 분포한다.

줄기는 질기고 길게 벋어서 다 자라면 지름 1.5센티미터에 이르고 엷은 갈색의 껍질은 쉽게 벗겨지고 길이 방향의 골이 생긴다. 드문드문 가지를 치는데 잔털이 있고 가늘며 녹색 또는 짙은 자주색이다. 잎은 마주나고 3장의 소엽으로 된 복엽으로 긴 잎자루가 있고 전체에 털이 약간 있으나 나중에는 뒷면 맥 위에만 남는다. 소엽은 길이 3 내지 7센티미터로 작은 잎자루가 있고 난형 또는 난상피침형으로 끝이 날카롭게 뾰족하고 밑이 둥글며 가장자리에는 몇 개의 결각상 거치가 있다.

7, 9월에 줄기 끝 또는 잎겨드랑이에서 5 내지 12센티미터 길이의 화축이 나와 흰색의 꽃이 취산 또는 원추상으로 달린다. 꽃은 지름 15 내지 25밀리미터로 꽃잎이 없고 꽃잎처럼 보이는 것은 꽃받침이다. 4개의 꽃받침은 7 내지 10밀리미터 길이의 긴 타원형으로 편평하게 열려서 십자가처럼 보이고 겉에 흰색의 짧은 털이 있다. 수술은 많고 꽃받침보다 약간 짧으며 수술대가 편평하며 암술도 많다. 열매는 수과로 가는 달걀 모양으로 5 내지 10개씩 모여 달리고 암술대가 1센티미터 정도로 길어져서 연한 갈색의 깃털 모양이 된다. 9월에 익어서 바람에 날린다.

염색 무등산 자락의 풍암저수지는 염색 재료를 얻기 위해 자주 들르는 작은 저수지이다. 8월 경에 염색하기에 마땅한 재료가 없는 차에 하얀 꽃을 잔뜩 달고 바위을 덮고 있는 사위질빵이 눈에 띄었다. 잎도 연두색이어서 크게 기대하지는 않았으나 줄기째 잘라서 염액을 내보니 의외로 좋은 결과를 얻을 수 있었다. 믹서에 갈았더니 거품이 두텁게 생겼고 천을 헹굴 때에도 거품이 많이 났다. 매염제에 대한 반응이 좋아서 각각의 색이 선명하고 뚜렷하였다.

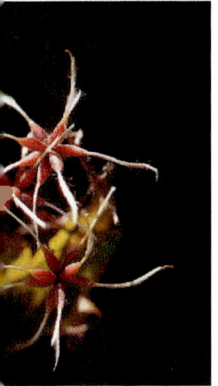

무

동

철

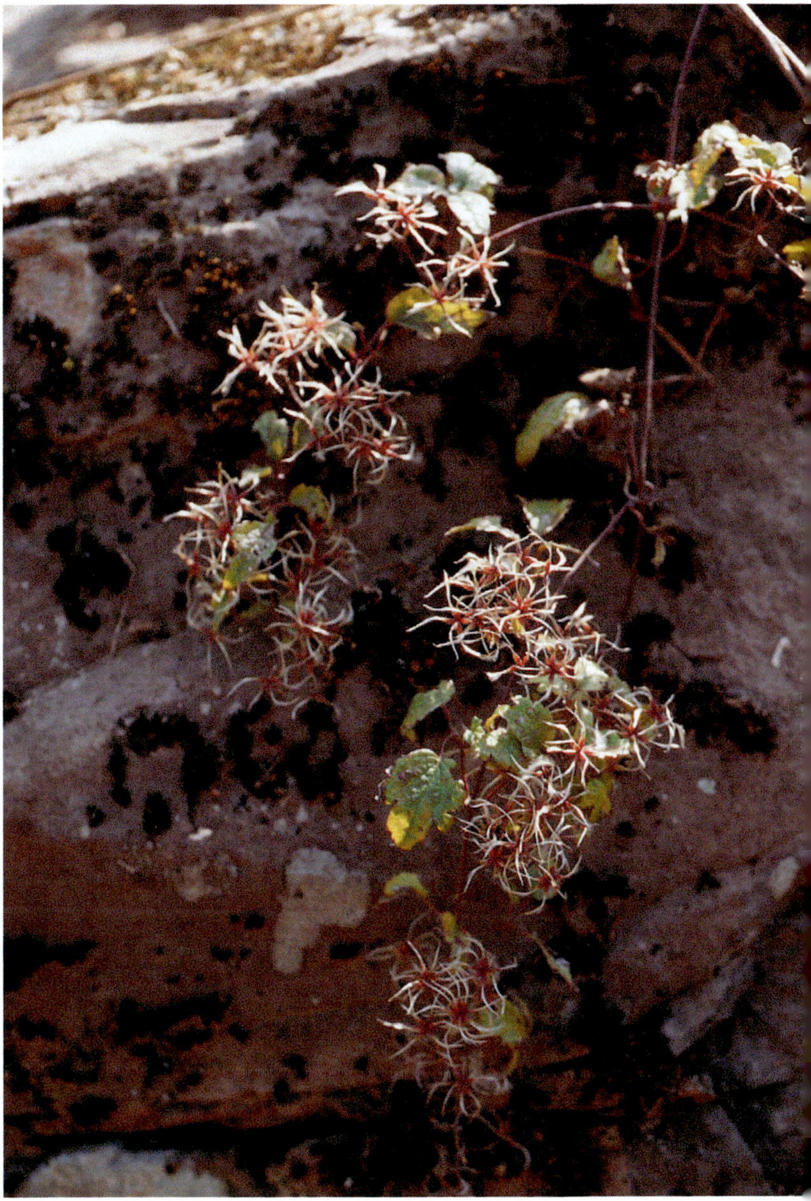

서양민들레(Common Dendelion)

araxacum officinale Weber

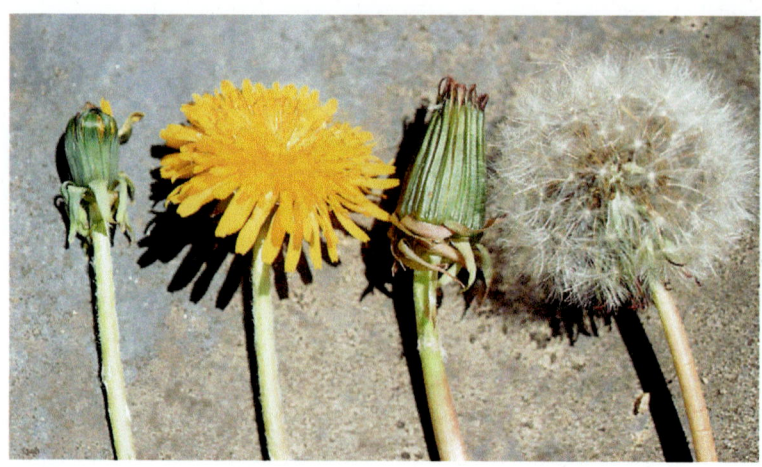

유럽 원산이며 사람의 발길이 잦은 잔디밭, 풀밭, 길가에서 흔히 자라는 국화과 여러해살이풀
이다.

뿌리는 원주형으로 깊고 곧게 들어간다. 잎은 전부 근생엽으로 땅에 붙어서 사방으로 퍼지는
데 좁은 타원형으로 녹색이며 털이 없고 가장자리가 아래쪽으로 깊게 우상으로 갈라지는 것
에서 거의 밋밋한 것까지 변화가 많다.

3월에서 9월에 근생엽의 중심부에서 여러 개의 꽃대가 나와 그 끝에 많은 노랑색 꽃이 두상으
로 모여서 꽃차례를 만들어 피는데 이를 두화라 하며 두화의 크기는 2 내지 5 센티미터 정도이
다. 꽃대에는 잎이 없고 환경에 따라 꽃대의 길이가 다르다. 그래서 사람이나 동물의 발에 밟히
기 쉬운 곳에서 자라는 개체일수록 짧은 꽃대를 만드는 경향이 있는데 열매가 익게 되면 바람
에 의해 쉽게 날아갈 수 있도록 꽃대가 길어진다. 총포편은 선형으로 녹색 또는 짙은 녹색이며
안쪽의 포편은 곧추서고 바깥쪽의 포편은 뒤로 젖혀진다. 이 특징에 의해 모양이 비슷한 자생
민들레와는 쉽게 구별된다. 설상화는 양성이나 수분이 되지 않은 상태에서도 열매가 생기는
데 이를 무융합생식이라 한다. 수술은 모여서 통을 이루고 그 안에 암술대가 길게 자라나와 끝
이 둘로 갈라진다.

열매는 수과인데 편평한 방추형으로 윗부분이 가늘고 길어지며 끝에 흰색의 관모를 가지는데
완전히 익게 되면 둥글게 펼쳐져서 바람에 날려 이동하게 된다.

식물체를 자르면 쓴맛이 나는 흰 즙이 나온다. 프랑스에서는 샐러드용으로, 뉴질랜드에서는
뿌리를 커피 대용으로 쓰기도 한다. 또 프랑스의 민간에서는 종자를 이뇨제로 사용한다. 우리
들 주변의 노랑색 꽃이 피는 민들레는 전부 유럽 원산의 귀화 식물로 잡초의 성질이 강하여 자
연 파괴 정도를 측정하는 데 쓰일 수 있다.

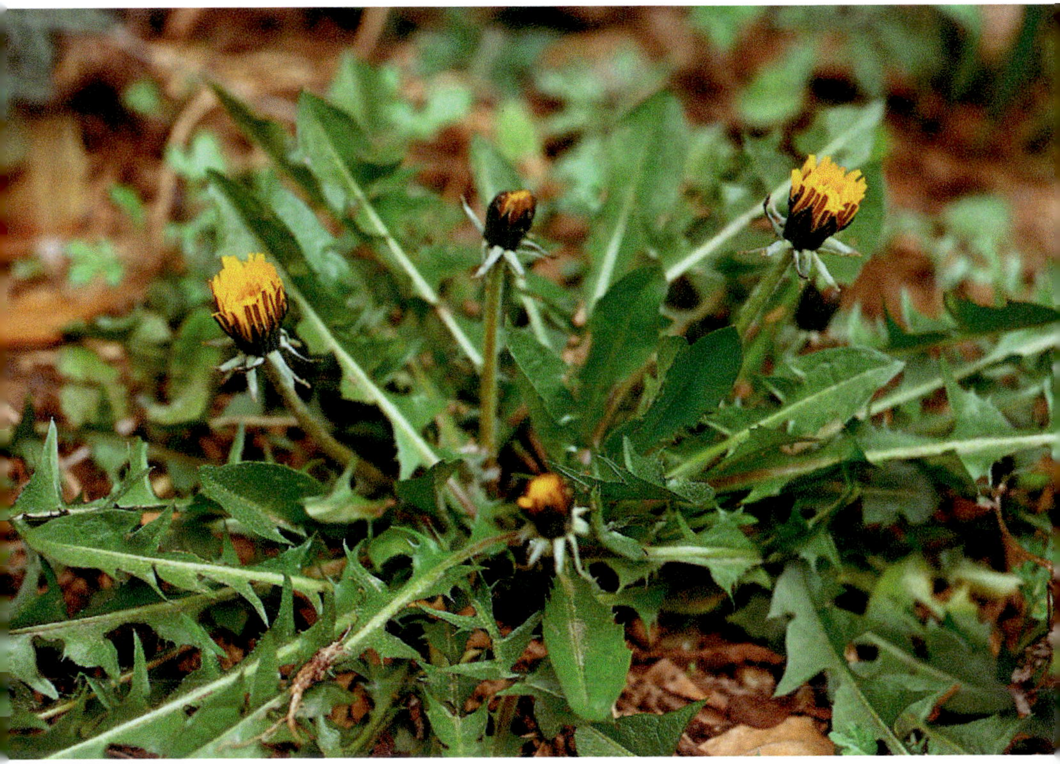

염색 우리 주변에 흔히 있는 노랑민들레는 전부 서양민들레이다. 4월 무등산 자락에 있는 풍암저수지 주변에서 채집하였다. 뿌리에서는 염료가 나오지 않기 때문에 지상에 나와 자라는 부분만을 잘라서 잎과 꽃을 따로 분리하여 염액을 내어 보았더니 색상에는 큰 차가 없었으나 꽃에서 얻어진 색은 백화색으로 매우 옅었다. 추출된 염액은 짙은 밤색(커피색)이나 염색이 잘 되는 편은 아니므로 재료의 양을 늘리거나 계속 같은 과정을 반복해서 염색하는 것이 좋다. 매염제에 대한 반응이 좋아서 다양한 색을 얻을 수 있다.

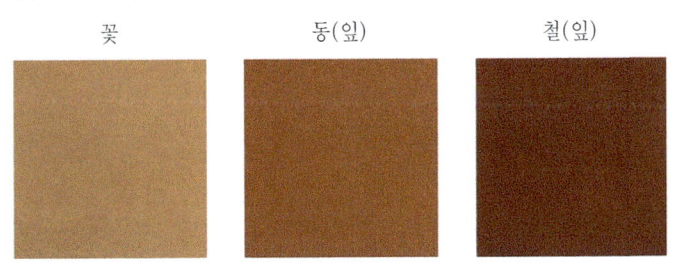

꽃	동(잎)	철(잎)

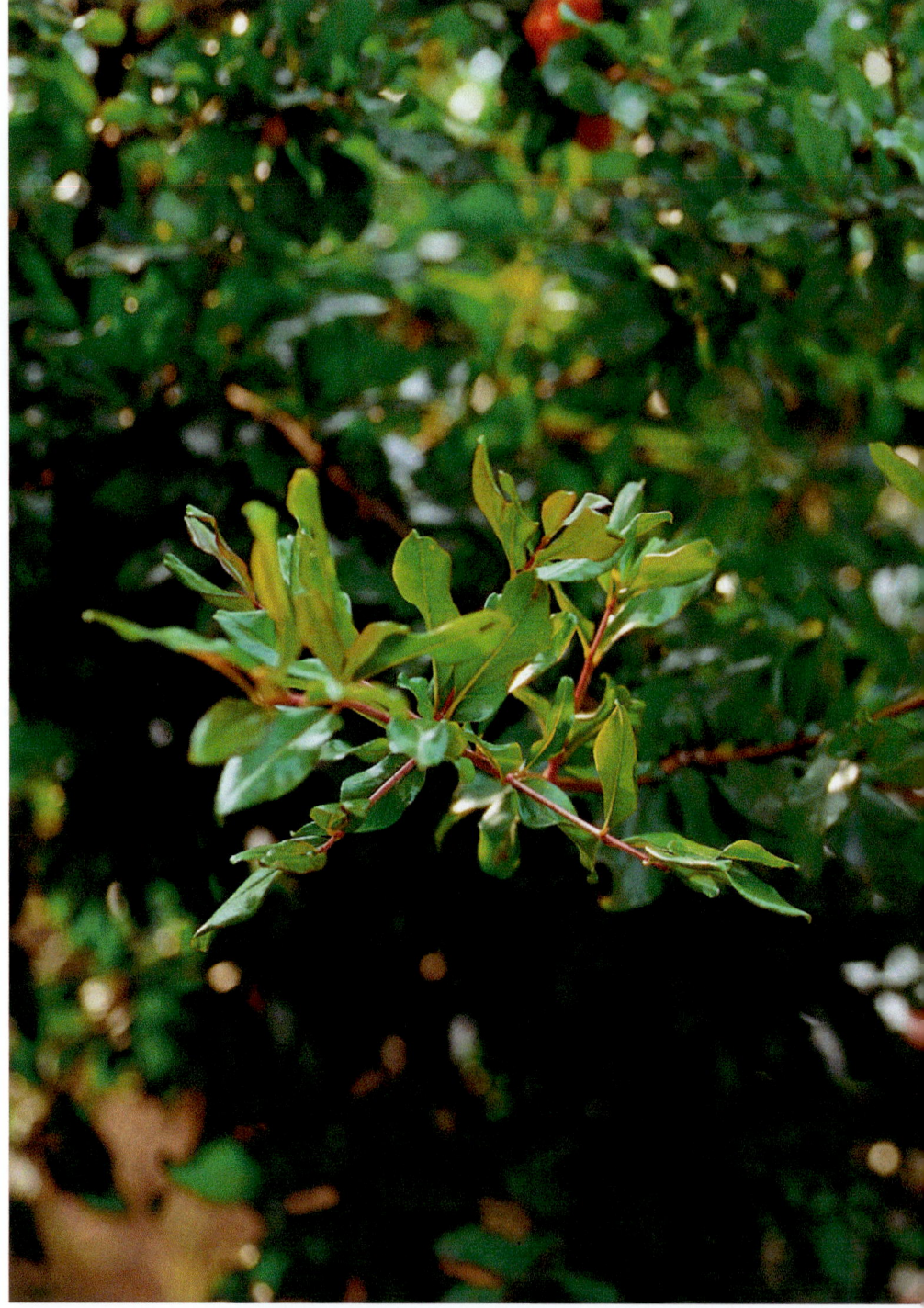

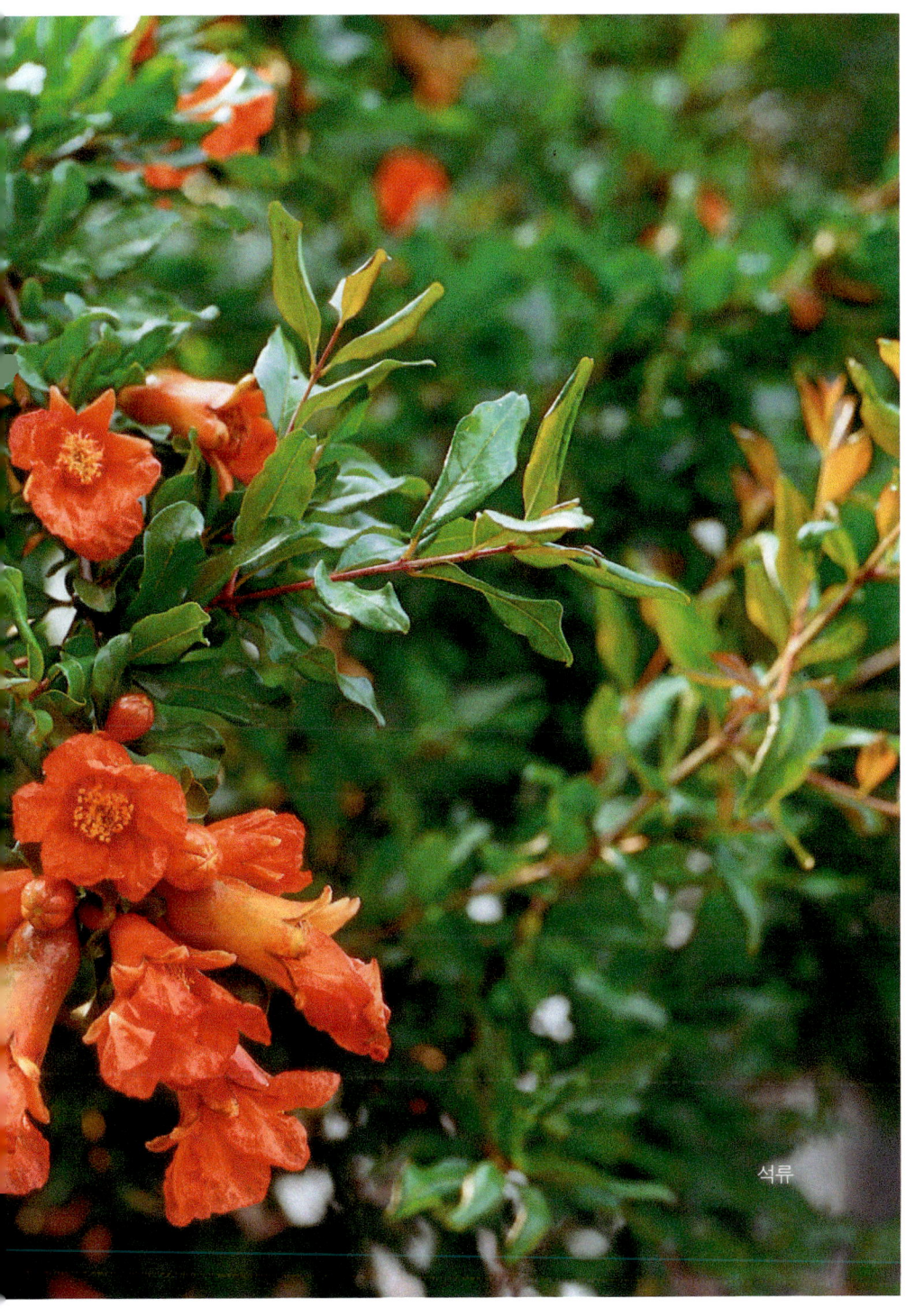

석류

석류(Common Pomegranate, 石榴)
unica granatum L.

지중해 동쪽 해안 지방에서 인도 북서부 히말라야에 걸쳐서 분포하며 석류과에 속한다. 현재는 중국, 미국 캘리포니아, 인도 등지에서 대량으로 재배된다. 우리나라에서는 관상용, 식용, 약용으로 주로 심지만 남부 지방에서는 월동이 가능하여 정원수로도 많이 심고 있다. 습기가 많은 열대 지방에서는 키가 10미터에 이르고 상록이지만 우리나라에서는 3 내지 4미터 정도로 낙엽이 진다.

어린 가지는 네모가 지고 끝이 가시로 변하며 털이 없다. 잎은 거의 마주나고 짧은 잎자루가 있으며 도란형 또는 긴 타원형으로 양끝이 뾰족하고 길이 2 내지 6센티미터로 가장자리는 매끈하고 전체에 광택이 있으며 털이 없다.

꽃은 양성으로 6월경 가지 끝에 짧은 꽃대를 가진 꽃이 몇 개 차례로 핀다. 꽃받침은 끝이 6개로 갈라진 통을 이루는데 도톰하고 광택이 있는 빨강색이어서 마치 플라스틱으로 만든 것처럼 보인다. 꽃잎도 빨강색으로 6장이고 엷으며 약간 주름이 진다. 수술은 많고 암술은 하나인데 자방은 꽃받침통의 아랫부분에 붙어 있다.

열매는 공 모양으로 9월에서 10월 사이에 익고 윗부분에 꽃받침 열편이 꼭지처럼 붙어 있다. 노랑색 또는 주홍색의 열매껍질은 육질로 두꺼운 가죽과 같은데 불규칙하게 벌어져서 씨앗이 드러난다. 씨앗을 싸고 있는 엷은 홍색의 투명한 씨앗껍질은 물기가 많고 단맛과 신맛이 있어서 먹을 수 있다.

새콤달콤한 씨앗은 먹을 수 있어서 과실주나 청량 음료의 제조에 이용된다. 나무껍질과 뿌리는 '펠레티에린(pelletierine)' 성분을 함유하여 구충제로 쓰이고 열매껍질은 지사제로 이용된다. 인도네시아에서는 열매를 부인병, 적리 등에 사용한다.

염색 10월 석류의 열매를 얻어 분쇄기에 넣어 잘게 자른 뒤 끓여서 염액을 얻었다. 또한 7월 보성군 복내의 시골집 뜰에서 잎만을 훑어 와서 물을 들였다. 잎과 열매 둘 다 짙고 좋은 색을 내지만 잎보다 열매에서 밝은 색상이 나온다. 추출된 염액은 갈색이 섞인 붉은색으로 약간 뻑뻑하며 매염제에 대한 반응이 좋아서 특히 동에서 짙은 색이 나온다. 껍질이나 뿌리에서도 마찬가지 색을 얻을 수 있다고 한다. 제철에 석류 열매를 사서 속은 먹거나 술을 담그고 껍질은 말려서 갈무리해 두면 두고두고 쓸 수 있다.

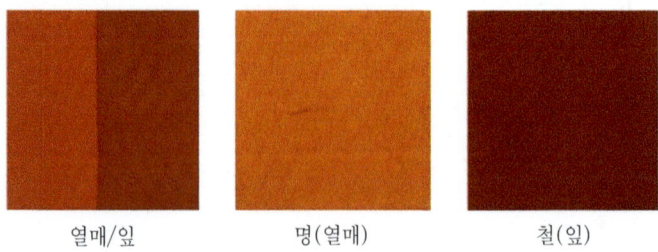

| 열매/잎 | 명(열매) | 철(잎) |

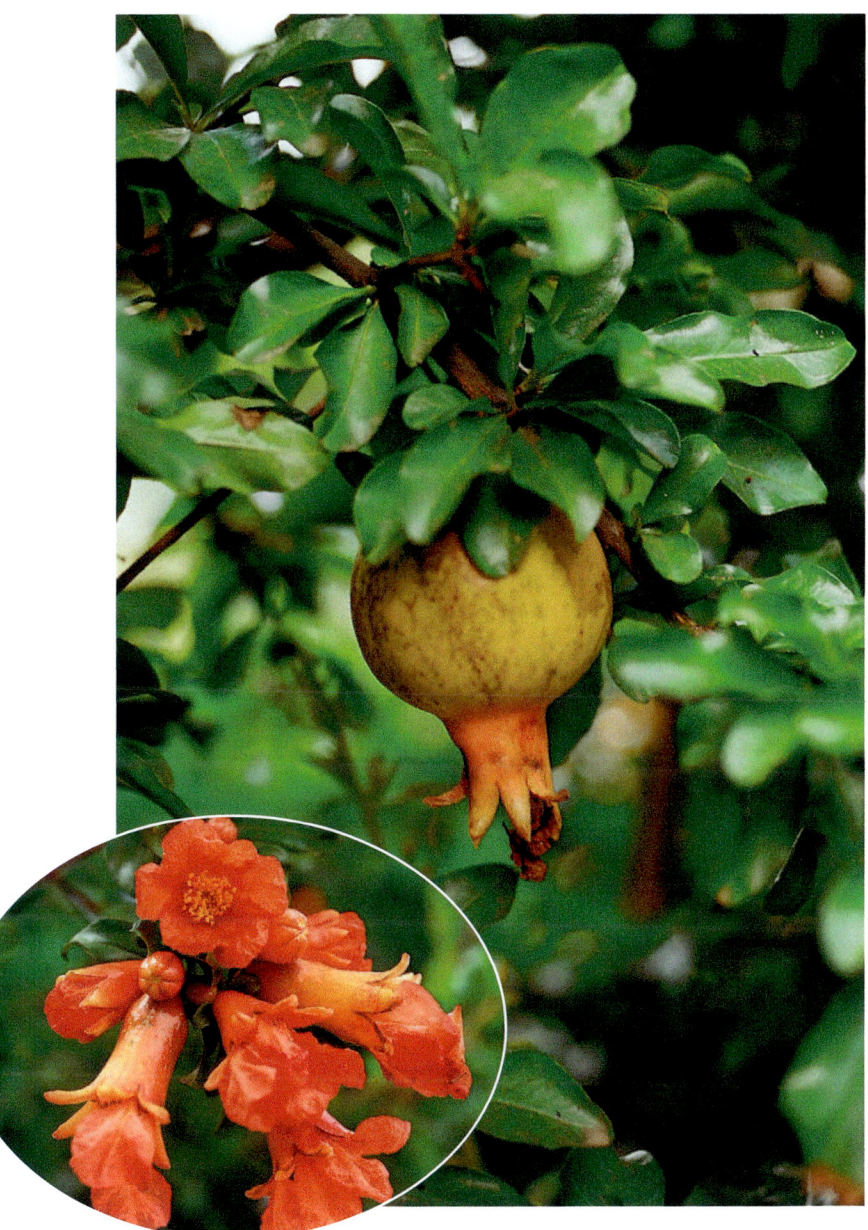

소리쟁이(Yellow Dock · Curled Dock, 皺葉酸模)
umex crispus L.

서아시아, 유럽, 아프리카에 분포하고 동아시아, 북아메리카 등에 귀화한 마디풀과
식물이다. 전국 각지에서 자라는 잡초로 경작지 주변이나 폐경지 등에 잘 자라는 여
러해살이풀이다.

자주색이 도는 녹색의 줄기는 곧추 자라서 1미터에 이르기도 하며 전체에 털이 없고
뿌리는 통통해진다. 잎자루가 긴 피침형 또는 긴 타원형의 근생엽이 여러 장 방석처
럼 모여 난다. 잎에는 주름이 많이 지고 짙은 초록색으로 잎밑은 심형 또는 원형이며
길이 12 내지 30센티미터, 너비 4 내지 6센티미터이고 가장자리는 파도 모양으로 오
글오글하며 불규칙한 톱니가 있다. 경생엽은 어긋나며 잎 가운데에 붉은빛이 돌기
도 하고 위로 올라갈수록 작아지며 선상 피침형 또는 길고 좁은 타원형으로 잎밑은
심장저 또는 예저이다.

꽃은 6월에서 7월에 피며 줄기 끝에 원추꽃차례를 이루는데 연한 녹색의 작은 꽃이
마디마다 여럿 돌려난다. 화피는 6개로 3개씩 내외 2개의 동심원상에 배열하고 수술
은 6개, 암술은 하나인데 3개의 암술대로 나뉘고 암술머리는 털처럼 잘게 갈라져서
꽃가루가 쉽게 붙도록 되어 있다.

열매는 수과로서 3개의 능선이 있고 3장의 내화피 조각에 의해 둘러싸인다. 내화피
는 길이 4 내지 5 밀리미터 정도로 달걀 모양이며 1.5 내지 2밀리미터 정도의 사마귀
같은 혹이 있다. 유사한 종으로 참소리쟁이가 있다.

어린 잎은 먹을 수 있고 땅속줄기와 뿌리에는 크리소파놀(chrysophanol), 에모다인
(emodine)이 들어 있어서 건위제, 완하제로 사용한다.

염색 소리쟁이는 흔히 볼 수 있는 매우 훌륭한 염료 식물이다. 매염제에의 반응이
뛰어나서 다양한 색을 얻을 수 있고 소량으로도 짙은 색이 나온다. 식물체 전체를 이
용할 수 있으나 잎보다는 뿌리의 색이 짙고 생뿌리와 말린 뿌리에서 얻어진 색이 서
로 다르다. 뿌리의 흙을 잘 씻고 그늘에 말려서 갈무리해 두면 두고두고 사용할 수 있다. 잎은
식물이 충분히 자란 5월 중순 이후, 뿌리는 여름이 지난 이후에 채취하는 것이 좋다. 6월 전남
대 기숙사 앞의 빈터에서 잎을 채취하고 같은 해 8월 뿌리를 채취하여 각각 물을 들였다.

마른 뿌리/뿌리	동(잎)	철(잎)

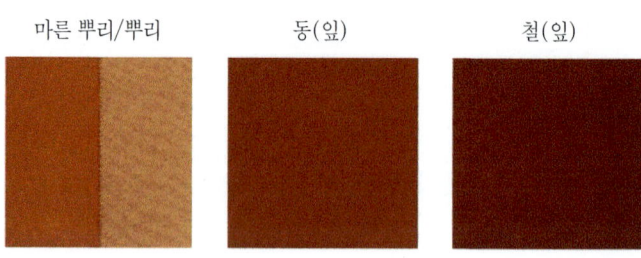

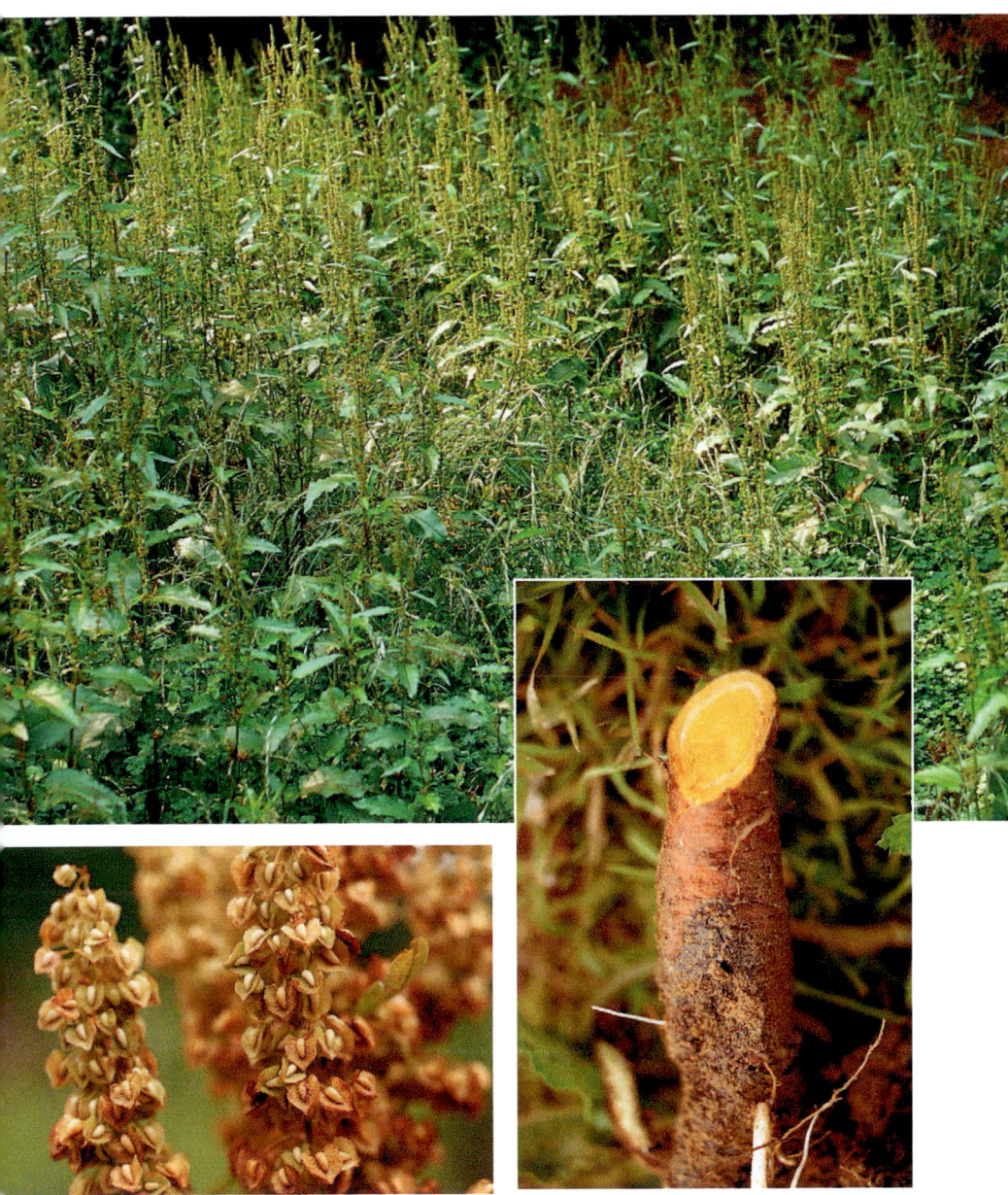

쇠무릎(우슬, 牛膝)

chyranthes japonica (Miq.) Nakai

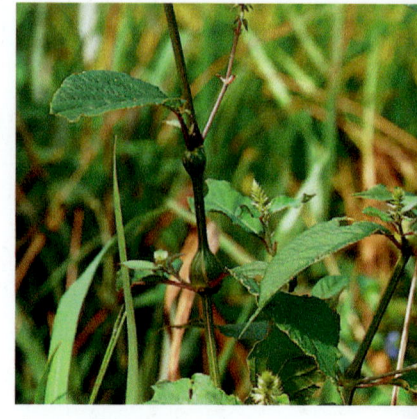

산이나 들판, 길가 등 전국 어디에서나 흔히 볼 수 있는 비름과 여러해살이풀로 뿌리는 엉성한 수염처럼 나온다. 줄기는 네모지고 단단하며 50 내지 100센티미터에 달하며 잎이 달린 마디의 부분이 소의 무릎처럼 둥글게 부풀어 올라서 쇠무릎이라 불린다. 잎은 마주나고 5 내지 15센티미터 정도로 타원형 또는 도란형인데 끝은 뾰족하고 밑은 쐐기 모양으로 좁아지며 털이 드문드문 난다.

여름부터 가을에 걸쳐서 잎의 겨드랑이나 가지 끝에 가늘고 긴 꽃대가 생겨 녹색의 작은 꽃이 다닥다닥 달려서 수상 꽃차례를 이룬다. 꽃은 양성으로 아래에서부터 피어 올라가고 꽃이 지면 전체가 밑을 향해 구부러져서 꽃차례 축에 붙는다. 꽃 밑에는 바늘 모양의 포가 3개 달리는데 그 가운데 2개는 밑에 달걀 모양의 돌기를 갖는다. 5개의 꽃받침은 피침형으로 4 내지 5밀리미터이고 서로 길이가 다르며 바깥 것은 바늘처럼 뾰족하다. 5개의 수술은 밑이 서로 붙어서 가락지 모양을 이루는데 각 수술의 사이에는 작은 돌기 모양의 가짜수술이 있다. 암술은 하나이고 자방과 화주도 하나이다.

열매는 5개의 꽃받침 가운데 3개에 의해 감싸여 있는 포과(胞果)로 타원형이고 끝에 화주가 남아 있으며 1개의 종자를 담고 있다. 성숙한 열매는 쉽게 떨어지는데 열매를 감싼 꽃받침 가운데 2개는 그 끝이 뾰족하여 옷이나 짐승의 털에 들러붙는 부착 장치의 역할을 한다. 동물을 이용하여 종자를 퍼트린다.

어린순을 나물로 하며 씨앗도 먹을 수 있다. 한방에서는 통통한 뿌리를 말린 것을 우슬(牛膝)이라 하는데, 사포닌(saponin)상 물질을 가지고 있어서 이뇨, 강정, 통경 작용을 한다. 민간에서는 임질이나 두통에도 사용한다

염색 3월 지리산 자락의 구례장에서 뿌리를 샀다. 뿌리에서 얻어진 염액에는 거품이 많이 생기며 매염제에 대한 반응이 좋지 않았다. 7월에 전남대 구내에서 줄기와 잎을 채취하여 재차 시도해 보았더니 뿌리에서보다 훨씬 짙은 색을 얻을 수 있었다. 첫번 염색에는 매염제, 특히 철에 대한 반응이 신통하지 않았으나 반복해서 염색하는 동안 좋아졌다.

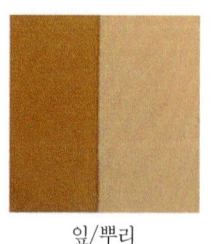

잎/뿌리

동(잎)   철(뿌리)

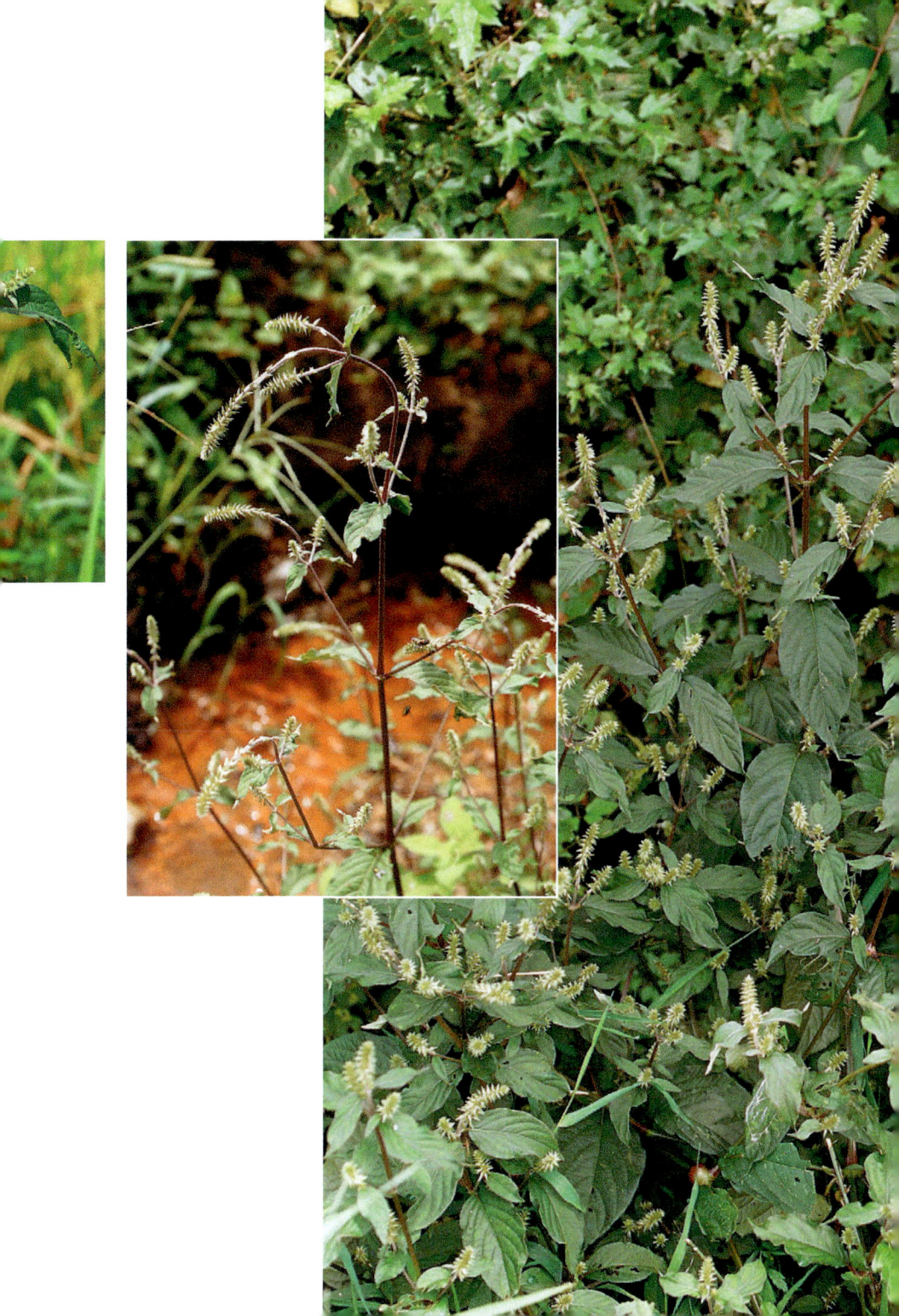

수영(시금초 · 괴싱아, Garden Sorrel, 酸模)
umex acetosa L.

북반구의 온대 지방에 넓게 분포하며 산야의 풀밭, 농경지 주변, 길가 등에서 흔히 볼 수 있는 마디풀과 여러해살이풀로 산성 토양에 견디는 힘이 강하여 공장 주변의 황무지에서도 무성하게 자란다.

곧추서는 줄기는 50 내지 80센티미터에 이르며 위아래로 가는 줄이 많이 있고 홍자색으로 털이 없으며 신맛이 난다. 뿌리는 많이 갈라지며 노랑색이다. 뿌리 가까이 나는 잎은 긴 타원형으로 잎끝은 둔하고 잎밑은 화살처럼 둘로 갈라지며 잎자루가 길고 밋밋한 가장자리는 약간 오글오글해지며 다북하게 많이 나서 방석 모양을 이룬다. 줄기의 잎은 어긋나고 피침상 타원형으로 아래의 잎에는 잎자루가 있으나 위로 올라갈수록 짧아져서 줄기를 감싸 안게 된다. 줄기의 각 절에는 막질의 턱잎이 칼집처럼 줄기를 감싸고 있다.

봄에서 초여름에 걸쳐서 줄기 윗부분에서 가지가 나고 가지의 각 마디에는 짧은 꽃대를 가진 옅은 녹색 또는 녹자색의 작은 꽃이 여러 개 돌려 나와서 전체적으로 길이 10 내지 30센티미터 정도의 원추꽃차례를 이룬다. 암꽃과 수꽃이 따로 있는 풍매화로 꽃받침잎은 6개이며 꽃잎은 없다. 수꽃은 6개의 수술이 있고 긴 원주형의 꽃가루 주머니가 아래로 늘어져서 많은 황색의 꽃가루를 바람에 날리고 암꽃은 3개의 암술대를 가지며 가늘게 갈라진 암술머리는 홍자색이다. 꽃이 진 뒤 안쪽 열의 꽃받침잎 3개가 반원형 날개 모양으로 4 내지 5밀리미터 정도로 자라서 열매를 감싸게 된다.

열매는 2밀리미터 정도의 수과로서 윤이 나는 흑갈색이고 3개의 능선을 가진다. 줄기의 여린 잎은 먹을 수 있어서 서양에서는 샐러드나 수프의 재료가 되는 녹색 야채로 재배하기도 하지만 많이 먹으면 설사 · 구토 등 중독 증상을 보일 수 있다. 민간에서는 옴의 치료약으로 쓰인다.

염색 수영은 소리쟁이에 버금가는 훌륭한 염료 식물로 유럽에서는 명반을 매염제로 써서 양모의 황색 염료로 쓰고, 말린 땅속줄기에서는 담홍색의 염료를 얻고 있다. 5월 전남대 농대의 휴경지에 무리지어 자라는 수영을 채집하였다. 뿌리째 뽑아서 잘 씻은 뒤 뿌리와 줄기, 잎을 따로 하여 염액을 추출하였는데 줄기, 잎보다는 뿌리로 염색한 것이 더 짙은 색을 냈다. 매염제에 대한 반응이 좋아서 다양한 색을 얻을 수 있다.

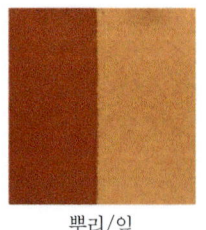
뿌리/잎

동(뿌리)

철(뿌리)

96

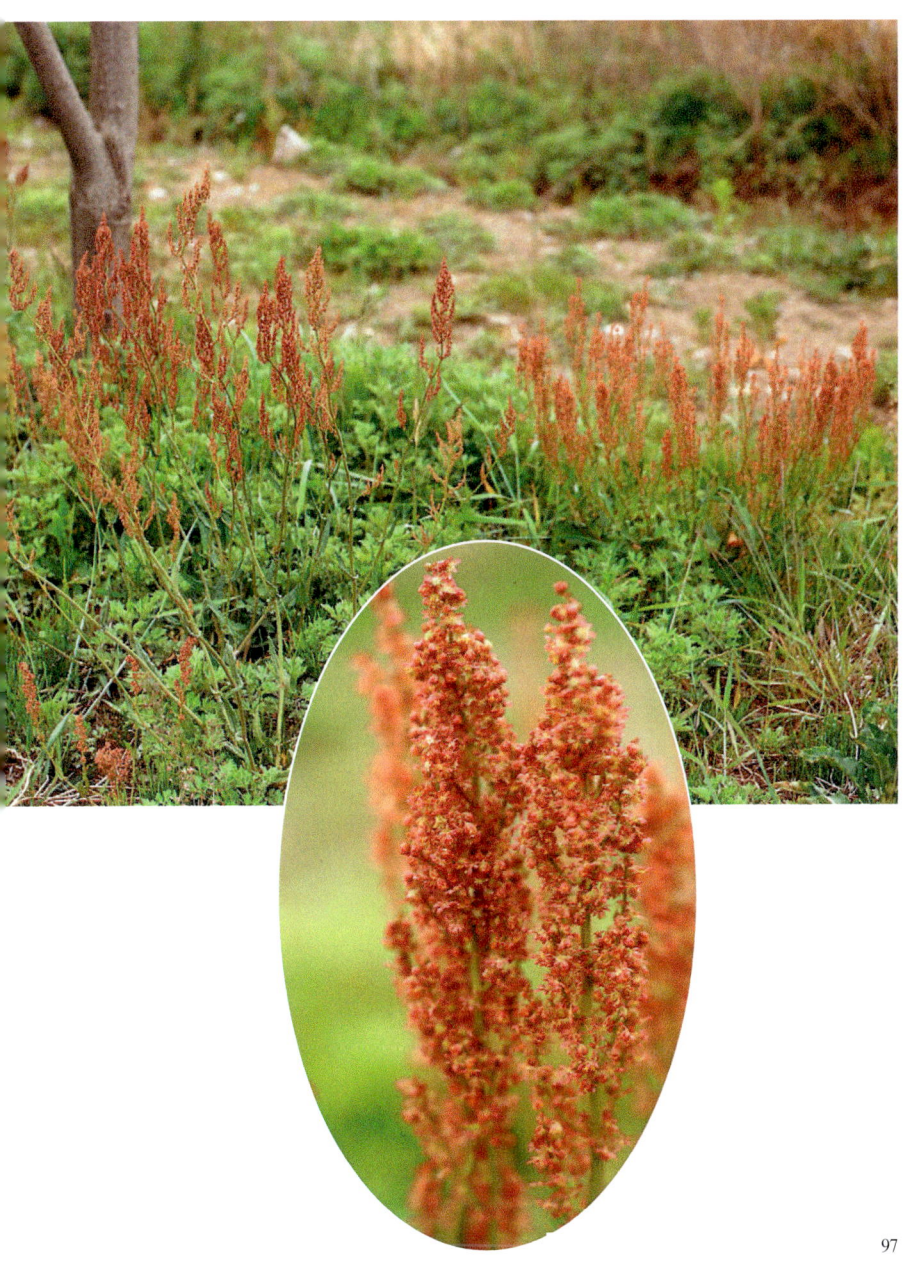

신나무(Amur Maple, 色木楓樹)
Acer ginnala Max.

중국, 일본 등 동북 아시아에 널리 분포하며 우리나라에서는 전국의 고산 지대 이하에서 자라는 단풍나무과에 속하는 낙엽 지는 큰키나무로 습기 있는 계곡에 많고 키가 8미터 전후에 이르며 가지가 많은데 새 가지에는 털이 없다.

잎은 마주나고 길이 4 내지 6센티미터, 너비 3 내지 6센티미터인 달걀 모양 타원형으로 끝이 길게 뾰족하고 밑이 둥글거나 심장형이며 불규칙하게 3 내지 4개로 얕게 갈라지고 가장자리에 복거치가 있다. 잎 표면에는 윤기가 있고 뒷면에는 엽맥을 따라 옅은 갈색의 털이 있다. 잎자루는 잎몸과 비슷한 길이이며 연분홍색으로 털이 없다.

5월에서 6월경에 가지 끝에 작은 황록색의 꽃이 모여서 총상꽃차례를 이룬다. 꽃은 잡성화로 향기가 강하고 한 나무 안에 수술만 있는 수꽃과 암술, 수술을 모두 가진 양성화가 있다. 수꽃은 지름 4.5밀리미터로 긴 달걀 모양의 꽃받침과 타원형의 꽃잎이 각각 5개씩 있고 수술이 8개 있다. 양성화에는 5개씩의 꽃받침과 꽃잎 그리고 8개의 수술과 1개의 암술이 있고 자방에는 털이 있다.

열매는 2개가 붙어 있는 시과(翅果)로 9월에 익으면 3.5센티미터에 이르고 길고 부드러운 털이 있다. 열매의 날개는 서로 거의 평행하거나 약간 겹쳐지며 바람에 날려 흩어진다.

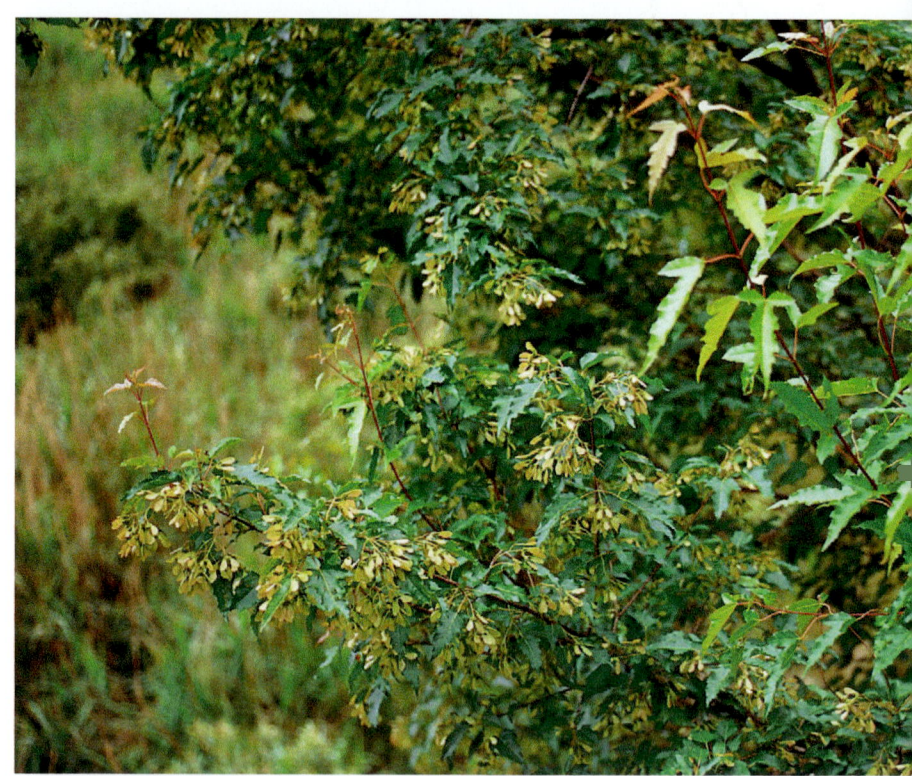

염색 6월 장흥군 가지산의 도로변 계곡에서 잎을 채집하였다. 잎과 어린 가지를 잘게 자른 다음 끓여서 염액을 만들었다. 염액을 식히면 앙금이 생겨서 가라앉으며 붉은색의 작은 알갱이가 천에 붙어서 물에 헹구어도 잘 떨어지지 않는데 다시 끓이면 이 알갱이들이 천에서 떨어진다. 반복 염색에 의해 짙은 색을 얻을 수 있으며 매염제에 대한 반응도 좋다.

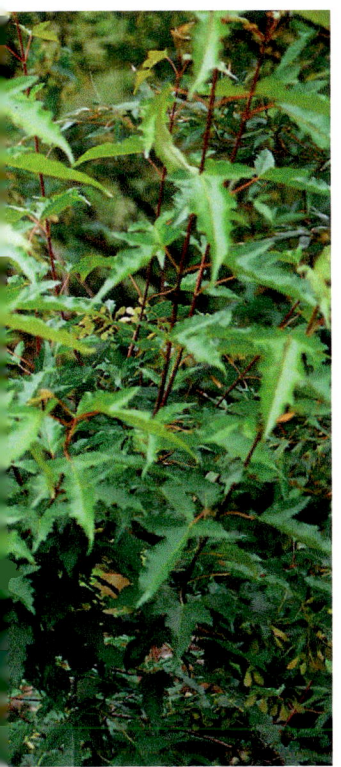

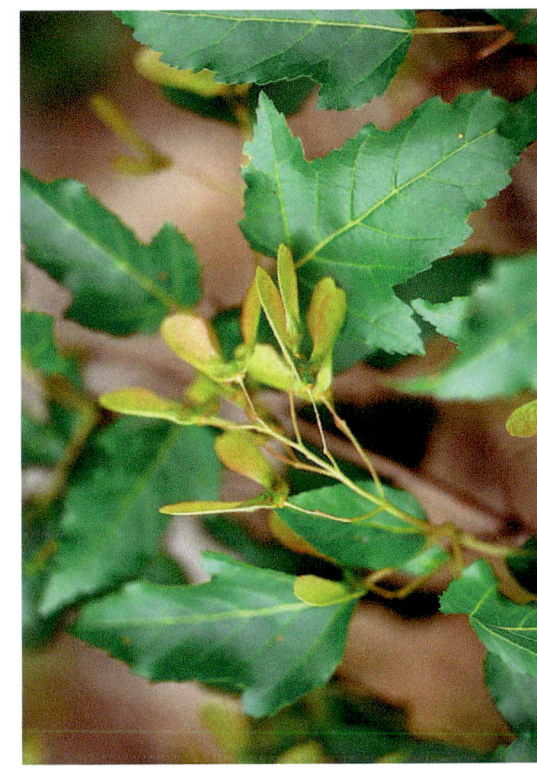

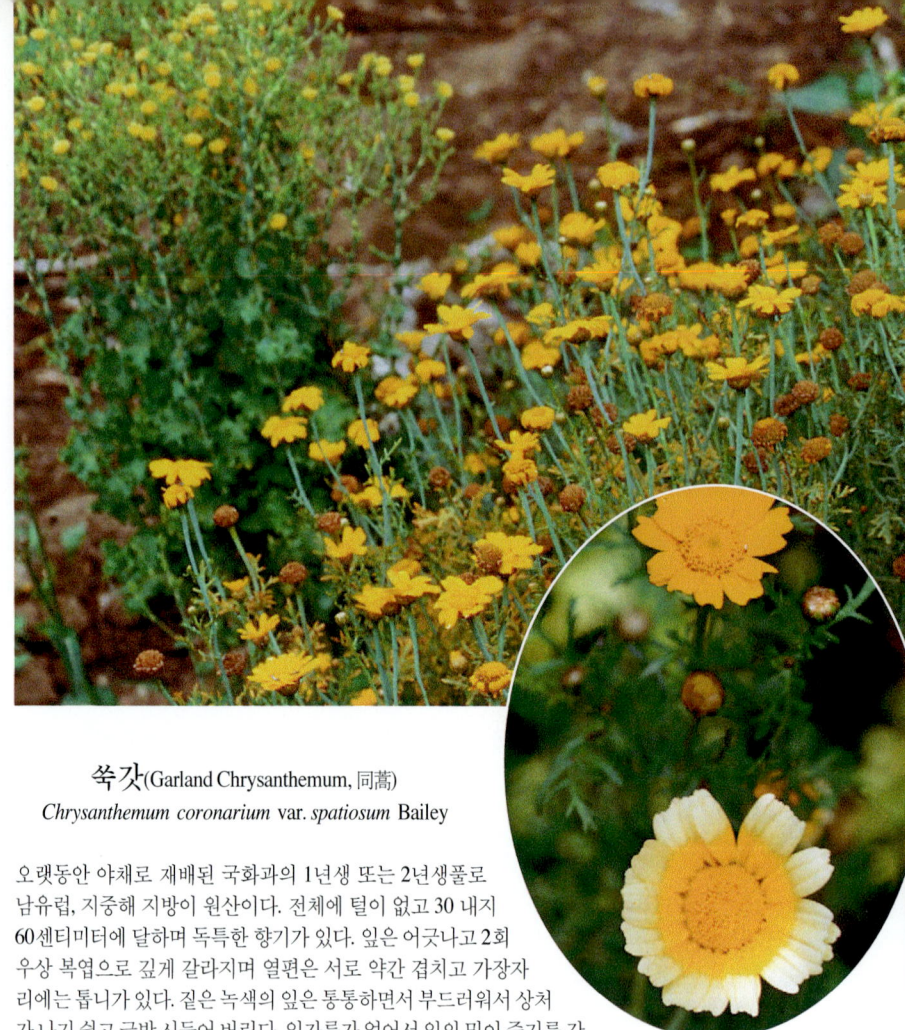

쑥갓(Garland Chrysanthemum, 同蒿)
Chrysanthemum coronarium var. *spatiosum* Bailey

오랫동안 야채로 재배된 국화과의 1년생 또는 2년생풀로
남유럽, 지중해 지방이 원산이다. 전체에 털이 없고 30 내지
60센티미터에 달하며 독특한 향기가 있다. 잎은 어긋나고 2회
우상 복엽으로 깊게 갈라지며 열편은 서로 약간 겹치고 가장자
리에는 톱니가 있다. 짙은 녹색의 잎은 통통하면서 부드러워서 상처
가 나기 쉽고 금방 시들어 버린다. 잎자루가 없어서 잎의 밑이 줄기를 감
싼다. 여름에 줄기 끝에 지름 3센티미터 정도의 두상화를 하나씩 피우는데 꽃
은 노랑색으로 가장자리가 흰색을 띠는 개체도 있다. 두상화는 양성의 통상화와 그 주변을 둘
러싼 잡성의 설상화로 되어 있다. 설상화가 여러 겹 생겨서 겹꽃처럼 보이는 품종도 있다. 총포
편은 넓고 가장자리가 건막질이다.
열매는 옅은 갈색 또는 갈색의 수과로 길이 2.5밀리미터 정도이고 3각 또는 4각의 기둥 모양으
로 모서리에는 좁은 날개가 생기기도 한다.
식물체가 부드럽고 독특한 향과 쓴맛이 있으며 비타민 A가 많아서 나물로 먹기도 하고 갖가
지 탕의 비린내를 없애 주는 재료로도 널리 쓰인다. 야채로 이용하고 있는 지역은 우리나라, 일
본, 중국의 동아시아뿐으로 원산지인 지중해 지방에서는 꽃을 보기 위해 재배한다. 원산지의
꽃은 꽃색이나 꽃부리의 모양 등에 많은 변이가 있다.

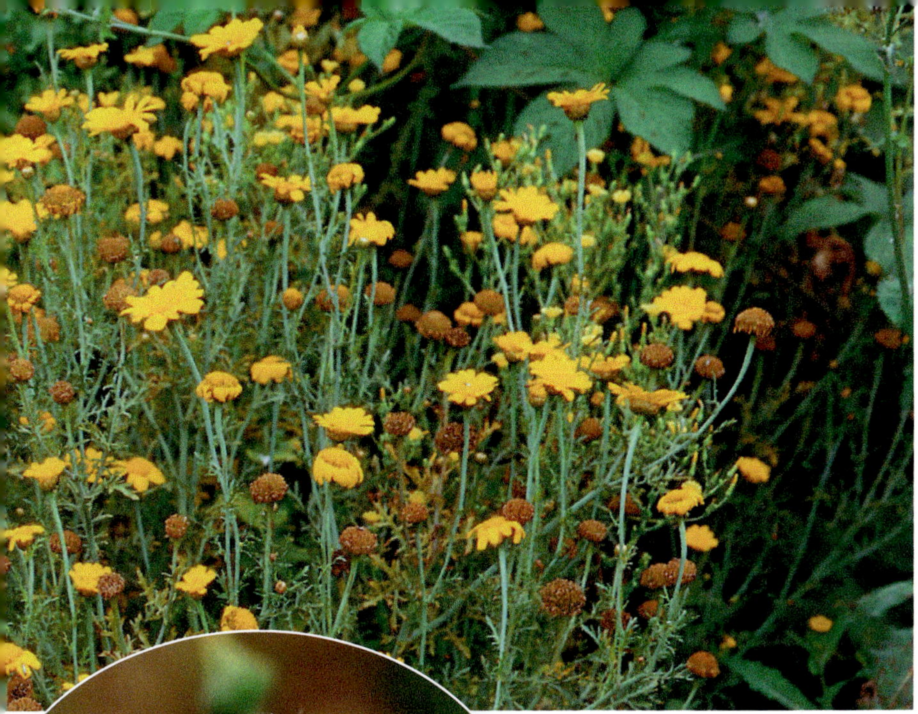

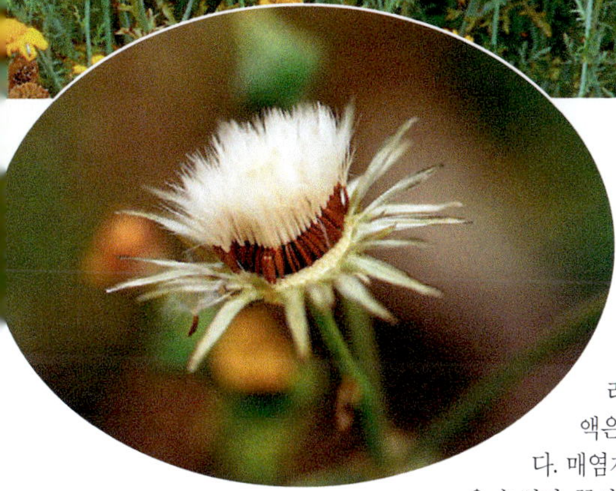

염색 일본의 옛 문헌에는 쑥갓의 잎을 염료로 쓴 기록이 있다. 6월 뜰에서 기르던 쑥갓을 꽃과 잎으로 나누어 잘라내어 따로이 염액을 만들었다. 잎의 염액은 매우 짙었으나 생각보다는 물들지 않았다. 매염제에 대한 반응이 좋아서 다양한 색을 얻을 수 있다. 꽃의 염액이 잎의 염액보다 훨씬 짙게 물들일 수 있었으며 생화를 이용한 것보다는 말린 꽃의 염액이 보다 짙었다. 특히 면에도 염색이 잘 되며 시장에서 손쉽게 구할 수 있는 재료이다.

꽃/잎

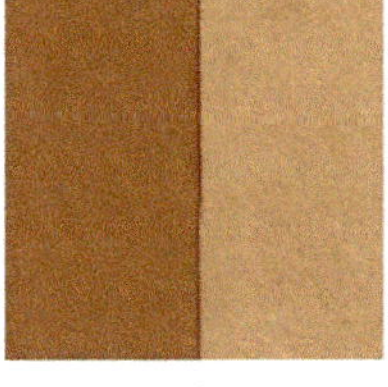

동(꽃)

철(잎)

씀바귀(씸배나물, 黃瓜菜·苦菜)
Ixeris dentata (Thunb.) Nakai

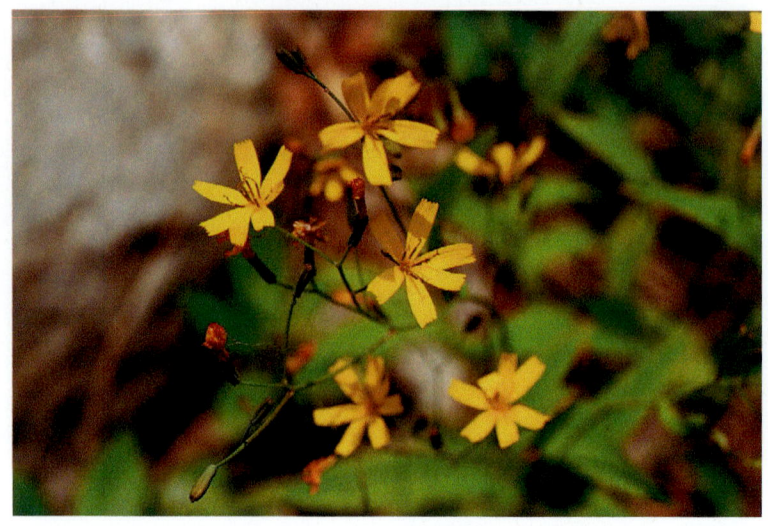

우리나라, 중국, 일본 등 동북 아시아에 분포하며 마을 주변이나 길가 등 양지에서 흔히 볼 수 있는 국화과 여러해살이풀로 자르면 우유 같은 흰색 즙이 나온다. 바닷가에서 고산지까지의 넓은 영역에 걸쳐서 자라며 형태 변이가 매우 크다.

납작하게 퍼진 근생엽의 형태로 겨울을 넘긴 뒤 봄에 25 내지 50센티미터에 달하는 곧추선 줄기가 자라나 윗부분에서 가지가 갈라진다. 근생엽의 일부는 꽃이 필 때까지 남아 있으며 긴 타원상 도피침형으로 끝이 뾰족하고 밑이 점점 좁아져서 긴 잎자루로 되며 가장자리는 불규칙하게 우상으로 갈라지거나 치아상 톱니가 있다. 경생엽은 2 내지 3장으로 길이 4 내지 9센티미터의 긴 타원상 피침형이고 가장자리는 경생엽과 같으나 잎의 아랫부분이 귀처럼 줄기를 감싼다.

4월에서 7월에 걸쳐 줄기의 윗부분이 갈라지고 그 끝에 지름 1.5센티미터 정도의 작은 두상화가 산방상으로 성기게 달린다. 총포는 털이 없고 길이 8밀리미터, 지름 2.5 내지 3밀리미터 정도의 통상으로 1밀리미터 길이의 짧은 외포편과 8밀리미터 길이의 5 내지 8개의 내포편으로 된다. 두상화는 5 내지 10개 정도의 설상화로 되는데 설상화는 길이 9.5 내지 12밀리미터 정도이고 노랑색이며 드물게 흰색도 있다.

열매는 수과로 길이 3.5 내지 5밀리미터인데 1 내지 1.5밀리미터 길이의 뾰족한 부리로 끝나고 10개의 능선이 있다. 4 내지 4.5밀리미터 길이의 황갈색 관모가 있어 바람에 날려 산포된다.

어린순과 뿌리를 나물로 먹기도 하고 민간에서는 진정제로 쓴다.

염색 6월 곡성군 죽곡면 봉정초등학교 동쪽의 계곡을 따라 씀바귀 채집에 나섰다. 한 개체에 몇 장의 잎과 가는 줄기 그리고 몇 개의 두상화밖에 없는 작은 풀이어서 충분한 양의 염액을 얻기 위해서는 많은 개체가 필요하다. 지상부 전체를 잘게 썬 다음 끓여서 염액을 내었다. 염액은 붉은 밤색으로 상당히 짙은 색이어서 내심 기대하였으나 염색은 짙게 되지 않았다. 매염제, 특히 철에 대한 반응이 좋았다.

무

동

철

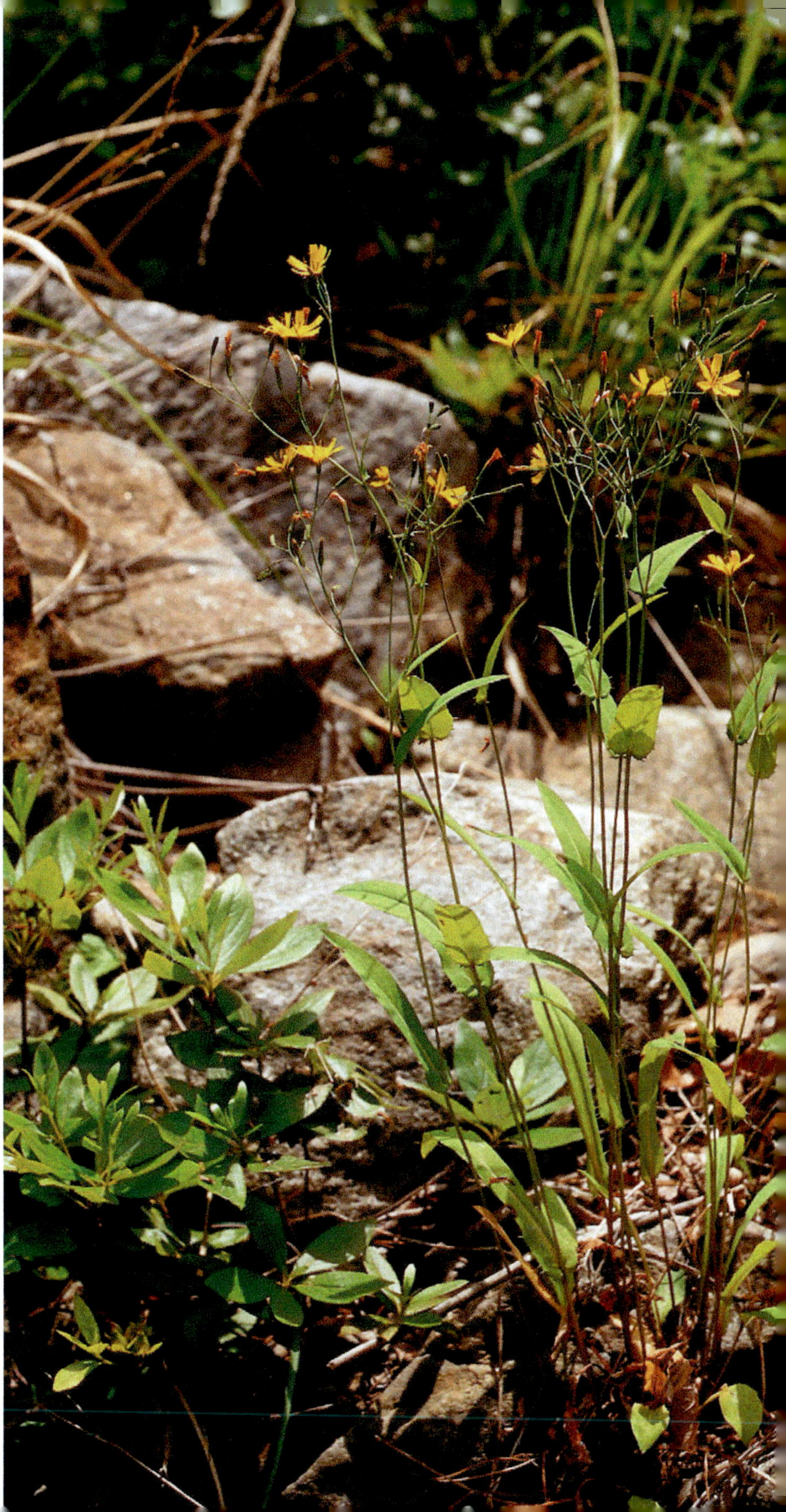

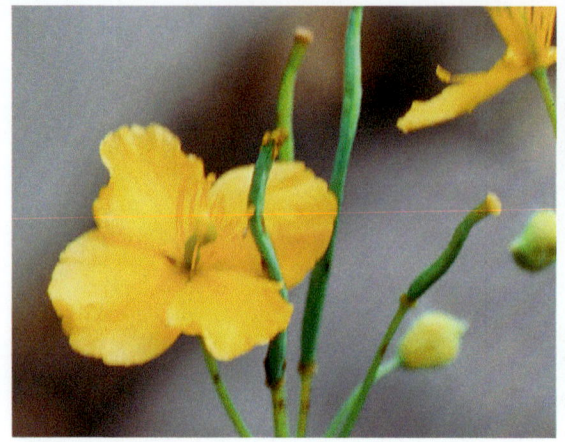
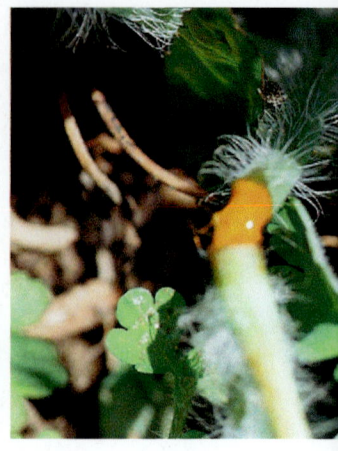

애기똥풀(젖풀 · 까치다리씨아똥, Celandine, 白屈菜)
Chelidonium majus L. var. *asiaticum* (Hara) Ohwi

동아시아 온대 지방에 넓게 분포하며 전국 저지대의 마을 주변, 길가, 돌담 사이, 숲 가장자리에서 흔히 볼 수 있는 양귀비과 2년생풀이다.

뿌리는 등황색으로 통통하고 곧아서 원기둥 모양으로 땅속 깊이 들어간다. 줄기는 곧추서서 30 내지 80센티미터에 달하고 부드럽고 흰색 분을 바른 것처럼 창백한 옅은 녹색으로 마치 플라스틱으로 만든 것처럼 보인다. 잎은 어긋나고 1 내지 2회 우상으로 갈라지는데 길이 7 내지 15센티미터, 너비 5 내지 10센티미터이며 열편의 끝은 둔하다. 표면은 녹색이고 뒷면은 흰색에 가까우며 털이 약간 있고 가장자리에는 둔한 톱니와 결각이 있다.

5월에서 8월에 가지 끝에서 몇 개의 꽃이 나와 작은 상형꽃차례를 이루는데 꽃은 노랑색으로 3, 4센티미터 길이의 긴 꽃대가 있고 4장의 꽃잎으로 된다. 꽃받침잎은 2개로 길이 6 내지 8밀리미터로 겉에 잔털이 있으나 꽃이 피면 바로 떨어진다. 꽃잎은 길이 10 내지 12밀리미터이고 그 안에 많은 수술과 하나의 암술을 가진다.

꽃이 진 뒤 자방이 길어져서 길이 3 내지 4센티미터, 지름 2밀리미터의 긴 원기둥 모양의 삭과가 되는데 끝에는 가는 암술대와 얕게 둘로 갈라진 암술머리가 남는다.

유명한 유독 식물의 하나로 첼리도닌(chelidonine), 프로토핀(protopine), 베르베린(berberine) 등이 들어 있다. 중국에서는 전체를 말려서 진통, 진경, 진해, 해독제로 사용하고 아편 대용으로 쓰기도 한다.

| 무 | 동 | 철 |

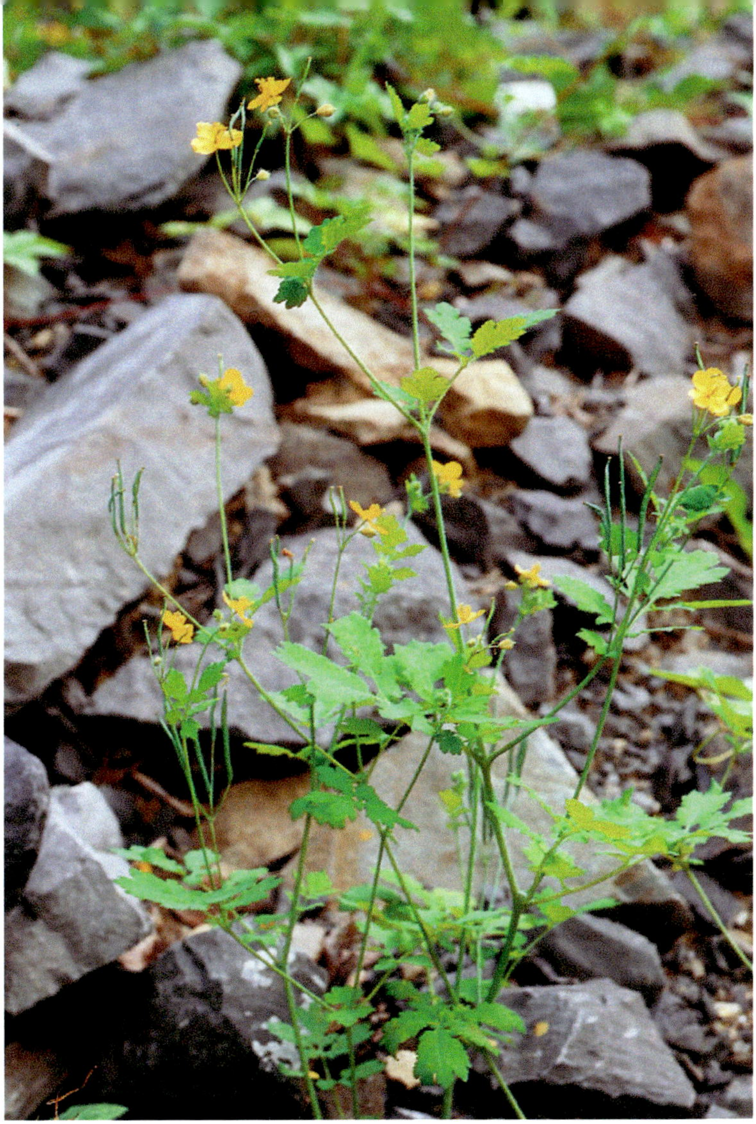

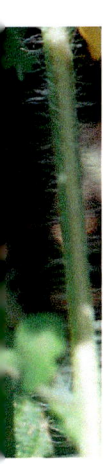

염색 4월 담양군 소쇄원 가는 길목의 묵정밭 가에 애기똥풀이 노랗게 무리지어 피어 있었다. 애기똥풀이라는 이름은 식물체에 상처를 내면 짙은 노랑색의 즙이 나오기 때문에 붙여졌는데 아직 염색해 본 적이 없는 식물이다. 지상부만을 잘라내어 잘게 썰어 끓여서 염액을 내었는데 매염제를 쓰지 않고도 짙은 색이 나왔다. 매염제에 대한 반응은 그다지 좋지 않다.

<h1>양하(양회간, Mioga ginger, 茗荷)</h1>
Zingiber mioga (Thunb.) Rosc.

열대 아시아 원산의 생강과 여러해살이풀로 독특한 향이 있으며 예로부터 남부 지방에서 많이 심었다.

길게 옆으로 뻗는 땅속줄기는 통통하고 마디가 많으며 담황색으로 비늘처럼 변한 잎으로 싸여 있고 각 마디에서는 거친 수염뿌리가 생긴다. 군데군데에서 위경(가짜줄기)이 약간 비스듬히 자라 올라 곧추서서 40 내지 100센티미터에 이르는데 위경은 1년생으로 다른 식물의 지상경과는 달리 여러 장의 비늘잎과 엽초로 변한 보통 잎의 잎자루가 서로 어긋나게 포개져서 이루어진다. 잎은 피침형 또는 긴 타원형으로 길이 20 내지 35센티미터, 너비 3 내지 6센티미터로 끝이 길게 뾰족하다.

8 내지 10월경 땅속줄기로부터 가지가 갈라져 나와 땅위로 올라오는데 그 끝이 부풀어서 꽃차례가 생긴다. 꽃차례는 여러 장의 겹쳐진 포엽으로 이루어지는데 포엽은 홍록색으로 보라색 맥이 있고 각 포엽의 겨드랑이에서 커다란 꽃이 하나씩 생긴다. 하나하나의 꽃은 옅은 황색으로 핀 지 하룻만에 시들지만 꽃차례의 아래에서 위로 올라가면서 계속 꽃이 생기므로 꽃차례 전체로 보면 꽃이 계속된다. 꽃받침은 막질인데 짧은 통 모양으로 길이 2.5센티미터 정도이다. 꽃부리의 아래는 긴 통처럼 되어 포엽으로부터 길게 올라오고 꽃잎은 3장으로 피침형인데 뒤에 있는 1장이 나머지 2장보다 넓다. 입술처럼 넓어져서 길게 늘어진 순판은 수술이 변해서 된 것으로 엷고 약해서 금방 떨어지고 아래의 양옆에 작은 열편이 있다. 수술은 1개로 약격이 길게 자라 안쪽의 암술대를 감싼다.

열매는 액과로서 껍질 안쪽이 붉고 씨앗이 검정색으로 흰색의 가짜씨껍질로 덮인다.

꽃눈을 잘라서 가지나물 등에 넣으면 독특한 향을 낸다. 일본에서는 꽃차례와 어린 잎을 요리에 이용한다.

염색 양하는 남부 지방의 농가나 절 주변의 습기진 곳에서 흔히 자라는 식물로 넓은 잎이 파초를 연상시킨다. 앞뜰의 그늘진 담밑에 무성히 자라고 있어서 9월 그 가운데 일부를 잘라내었다. 믹서에 간 다음 20분간 끓여서 염액을 만들었다. 염액에서는 독특한 향이 나며 분홍빛이 도는 갈색으로 염색이 잘 되리라 상당히 기대했으나 생각보다는 옅게 물들었다. 매염제에 대한 반응은 보통이었다.

알루미늄	동	철

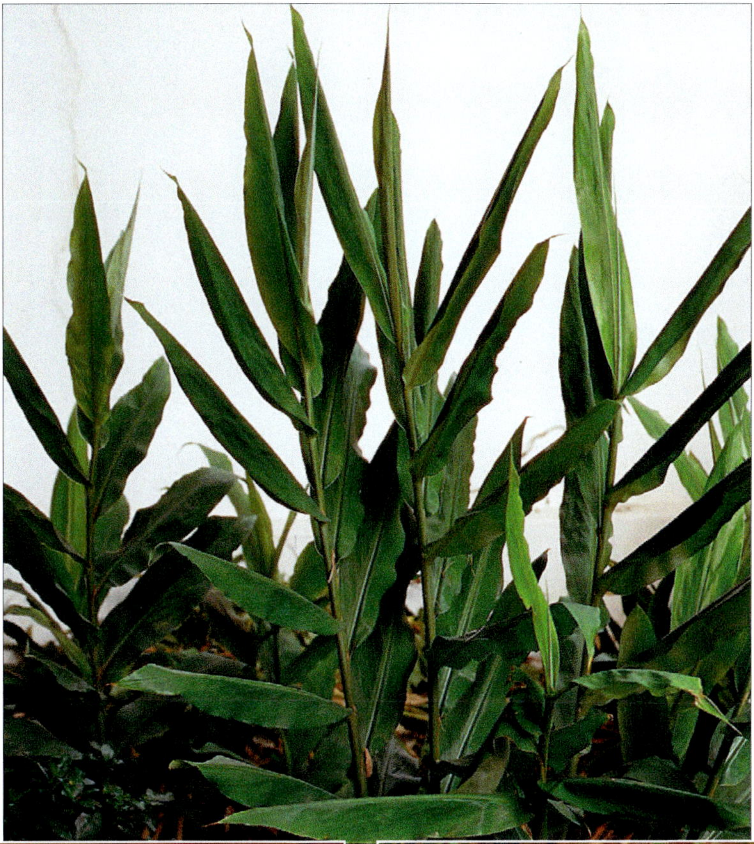

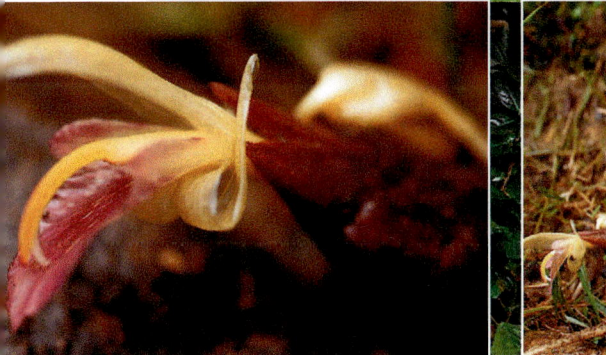
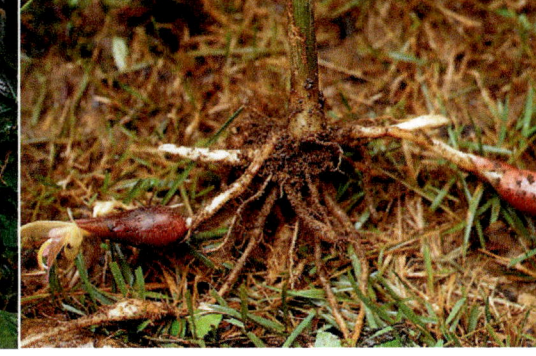

엉겅퀴(가시나물 · 항가새, 大薊)
Cirsium japonicum DC. var. *ussuriense* Kitamura

중국의 동북 지방과 우수리에 주로 분포하는데 이 종은 우리나라 산야의 풀밭에서 가장 흔하게 볼 수 있는 엉겅퀴 종류로서 키가 큰 국화과 여러해살이풀이다.

줄기는 높이가 50 내지 100센티미터에 이르고 윗부분에서 가지가 갈라지고 전체에 백색 털과 거미줄처럼 얽힌 털이 있다. 뿌리 바로 위에서 엉성한 방석 모양을 이루는 뿌리가 몇 장 나는데 타원형 또는 피침형 타원형으로 길이 15 내지 30센티미터, 너비 6 내지 15센티미터에 이른다. 잎몸은 6 내지 7쌍으로 갈라져서 깃털 모양을 이루고 가장자리에는 결각 모양의 톱니와 함께 가시가 많으며 꽃이 필 때까지 시들지 않고 남는다. 줄기의 잎은 어긋나고 잎자루가 없이 잎밑이 줄기를 감싸며 윗면 전체와 아랫면 맥 위에는 다세포의 털이 드문드문 있다.

꽃은 6월에서 8월에 보라색으로 피고 많은 통상화가 여럿 모여서 지름 3 내지 5센티미터의 큰 두상꽃차례를 이루는데 보통 이 두상꽃차례를 꽃이라 부르므로 두화라고 하기도 한다. 두화는 가지 끝과 원줄기 끝에 위를 향해 달리는데 공 모양의 총포는 길이 18 내지 10밀리미터, 지름 25 내지 35밀리미터로 실 같은 털이 약간 있다. 총포편은 녹색으로 끝이 뾰족한 선형이며 7 내지 8줄로 배열되어 있는데 겉이 끈적끈적하여 개미 등 곤충이 꽃 위로 올라와 꽃가루를 훔쳐갈 수 없도록 되어 있다. 통상화는 보라색이지만 드물게 흰색이나 적색의 변이가 있고 길이 19 내지 24밀리미터인데 아래쪽 3분의 1은 좁고 중간은 보다 넓으며 위쪽 3분의 1은 5개로 갈라진다.

열매는 수과로서 길이 3.5 내지 4밀리미터이고 끝에는 16 내지 19밀리미터 길이의 관모가 있어서 다 익으면 바람에 날려 간다.

줄기 밑부분의 어린 잎을 삶아서 물에 우린 뒤 나물로 한다. 한방에서는 식물체 전체를 지혈, 폐결핵, 고혈압 치료제 등으로 사용한다. 일본에서는 개화기의 뿌리를 말려서 신경통, 이뇨, 건위의 민간약으로 사용한다.

염색 11월 보성군 복내에 성묘차 들렀다가 엉겅퀴의 잎만을 따 모았다. 식물체에 가시가 있으므로 찔리지 않도록 조심한다. 줄기가 검보라색으로 짙게 물들어 있어서 좋은 색을 얻을 수 있을 것으로 기대하였으나 갈색 계통의 평범한 색이 나왔다. 계절 탓인가 싶어서 이듬해 6월 뜰에 자라는 엉겅퀴를 희생시켜서 다시 한번 물들여 보았더니 가을보다는 더 짙게 염색되었다. 잘 자라고 잘 번식하는 식물로 뜰에 한 번 심어 놓으면 두고두고 이용할 수 있다. 매염제에 대한 반응이 좋아서 다양한 색을 얻을 수 있다.

| 석 | 동 | 철 |

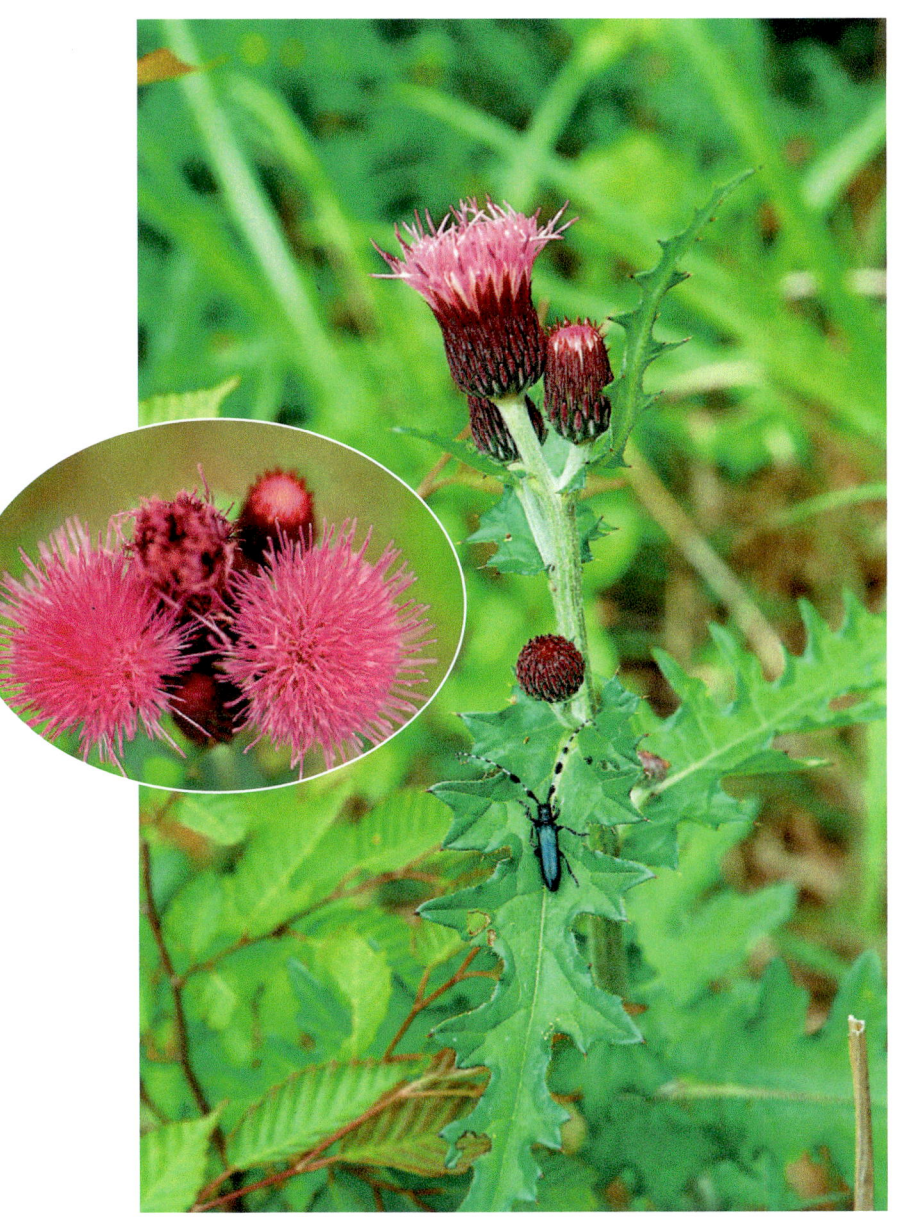

여뀌바늘(丁香蓼)
Ludwigia prostrata Roxb.

동북 아시아에 넓게 분포하며 논이나 밭, 개울가 등의 습지에서 자라는 바늘꽃과 1년생풀이다. 흔히 볼 수 있는 잡초의 하나로 물에 반쯤 잠긴 상태에서도 잘 자란다.

줄기는 곧추 자라거나 비스듬히 자라 30 내지 60센티미터에 이르고 가지가 갈라지며 길이 방향으로 골이 지고 녹색이지만 붉은빛을 띠기도 한다. 잎은 어긋나고 피침형으로 줄기 아래의 잎은 작고 나중에는 마르게 되는데 중간의 잎은 길이 3 내지 12센티미터, 너비 1 내지 3센티미터 정도가 가장 큰 것이며 양끝이 좁고 우상의 측맥이 많으며 가장자리는 밋밋하고 잎몸이 부드러우며 가을에 붉어진다. 잎자루는 5 내지 15밀리미터이다.

여름부터 가을에 걸쳐서 잎겨드랑이에 꽃대가 없는 작은 꽃이 생긴다. 꽃은 지름이 8 내지 10밀리미터이고 노랑색이며 꽃받침은 4개인데 달걀 모양의 삼각형으로 녹색이다. 꽃잎은 4개이고 수술도 4개이며 중앙에 암술이 하나 있다. 자방은 하위로 길고 누운 잔털이 있으며 암술대는 하나이고 암술머리는 약간 부풀어 있다.

꽃이 지면 자방이 점점 길어져서 길이 1.5 내지 3센티미터, 너비 1.5 내지 2밀리미터의 가늘고 긴 선상 원주형 삭과가 된다. 열매가 익으면 껍질이 길이 방향으로 갈라져서 씨앗이 나온다. 씨앗은 해면질인 한쪽 열매껍질에 싸여 있는데 방추형으로 길이 0.9밀리미터 정도이고 갈색의 선이 길이 방향으로 있다.

염색 11월 개쑥갓과 함께 광주천변 주차장에서 채집하였다. 여뀌바늘을 염료로 사용한 기록은 없으나 줄기와 잎에 보라색이 비쳐 나오는 것이 염료로서의 가능성을 보여 준다. 더러운 물에 반쯤 잠긴 여뀌바늘을 줄기째 잘라 가져와서 염액을 내었다. 이런 경우 깨끗이 씻지 않으면 얼룩의 원인이 되므로 특히 주의한다. 예상대로 좋은 염료 식물로, 재료의 양이 적은데도 곱고 짙게 물이 들었고 매염제에 대한 반응도 좋다.

| 무 | 동 | 철 |

110

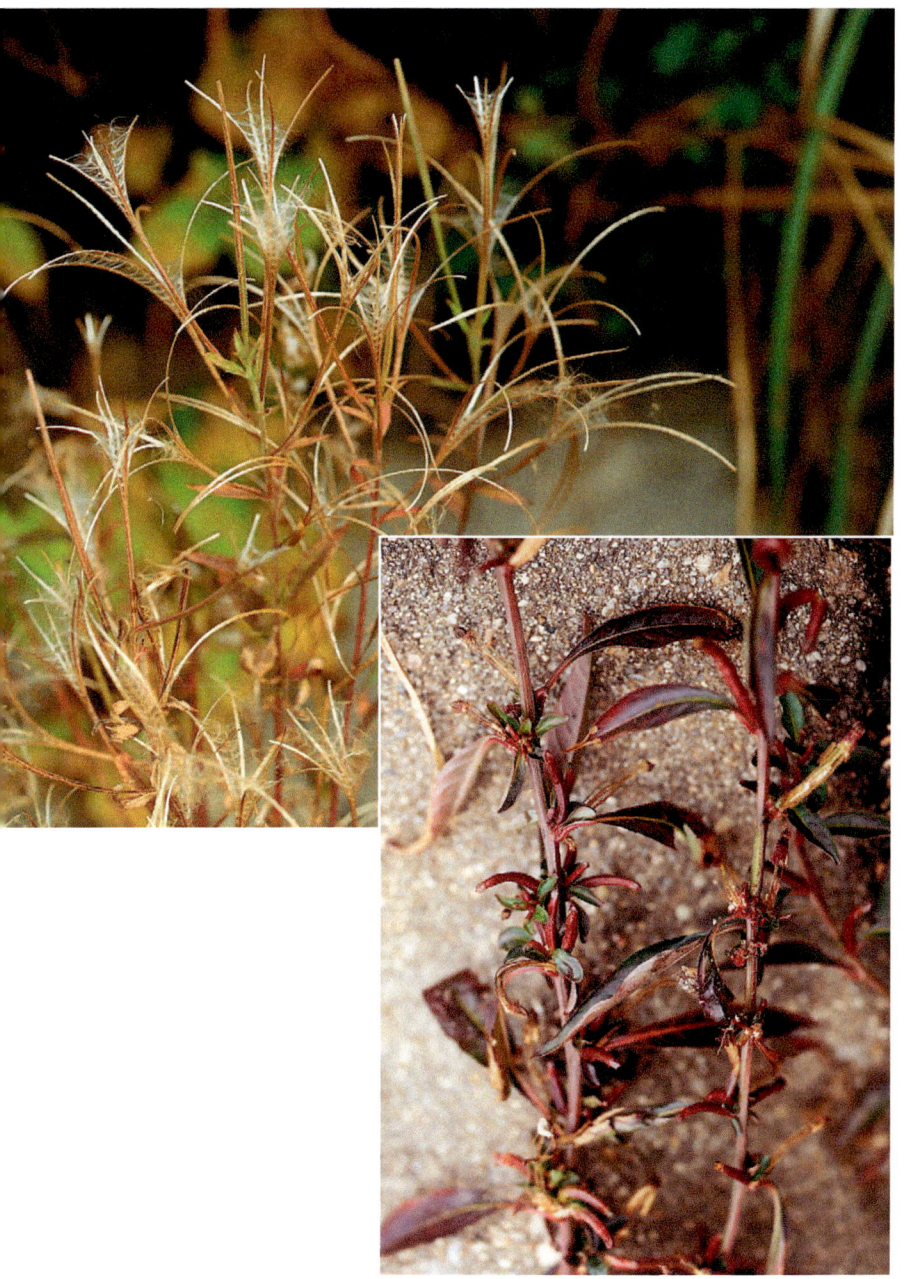

이팝나무(니암나무, Chinese Fringe-Tree, 六道木)
Chionanthus retusus Lindl. et Paxton

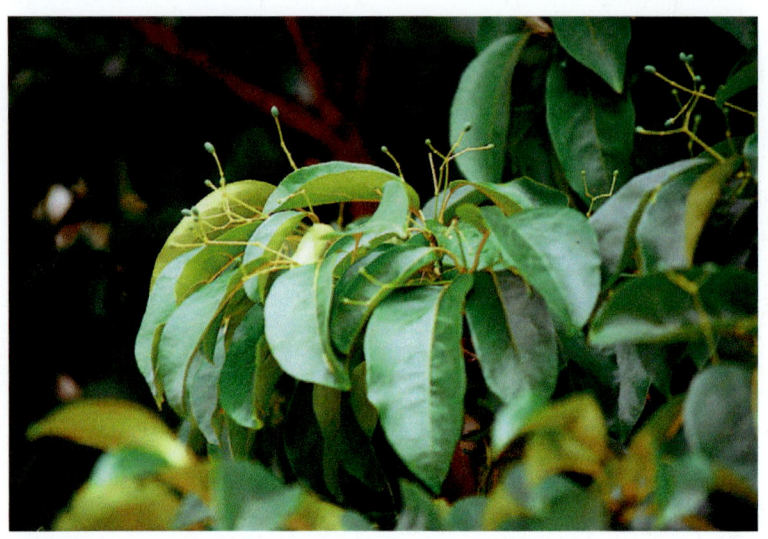

대만, 중국 남부와 일본 남부에 주로 분포는데 우리나라에서는 중부 이남 산지 계곡부에 자라는 물푸레나무과의 낙엽 지는 큰키나무로 키가 25미터, 둘레 70센티미터까지 자란다.

어린 가지는 녹색으로 잔털이 있으나 나무껍질은 코르크층이 발달하여 두텁고 어두운 회갈색으로 피목이 발달한다. 잎은 마주나고 길이 3 내지 15센티미터, 너비 2.5 내지 6센티미터의 긴 타원형 또는 달걀 모양으로 끝이 둔하거나 뾰족하고 밑이 넓거나 둥글다. 앞뒷면의 엽맥에 털이 있고 가장자리는 밋밋하다. 암나무와 수나무가 따로 있으며 5월에서 6월에 새 가지 끝에 7 내지 10밀리미터의 꽃대를 가진 흰 꽃이 성글게 달려서 길이 6 내지 10센티미터의 원추상 집산 꽃차례를 이룬다. 꽃받침은 4개로 갈라져서 끝이 뾰족하고 꽃잎은 아랫부분이 합쳐져서 꽃받침보다 약간 긴 통을 이루고 윗부분은 길이 1.2 내지 2센티미터, 너비 3밀리미터로 가늘고 길게 4개로 갈라진다. 수꽃에는 2개의 수술이 화통에 붙어 있고 암술은 없으며 암꽃에는 1개의 자방이 있는데 2개의 방으로 나뉘어 있고 암술대는 짧다.

열매는 핵과로서 길이 1 내지 1.5센티미터의 타원형으로 10월에 벽흑색으로 익는다. 중국에서는 어린 잎으로 차를 끓여 마셨다. 공원수로 적합하다.

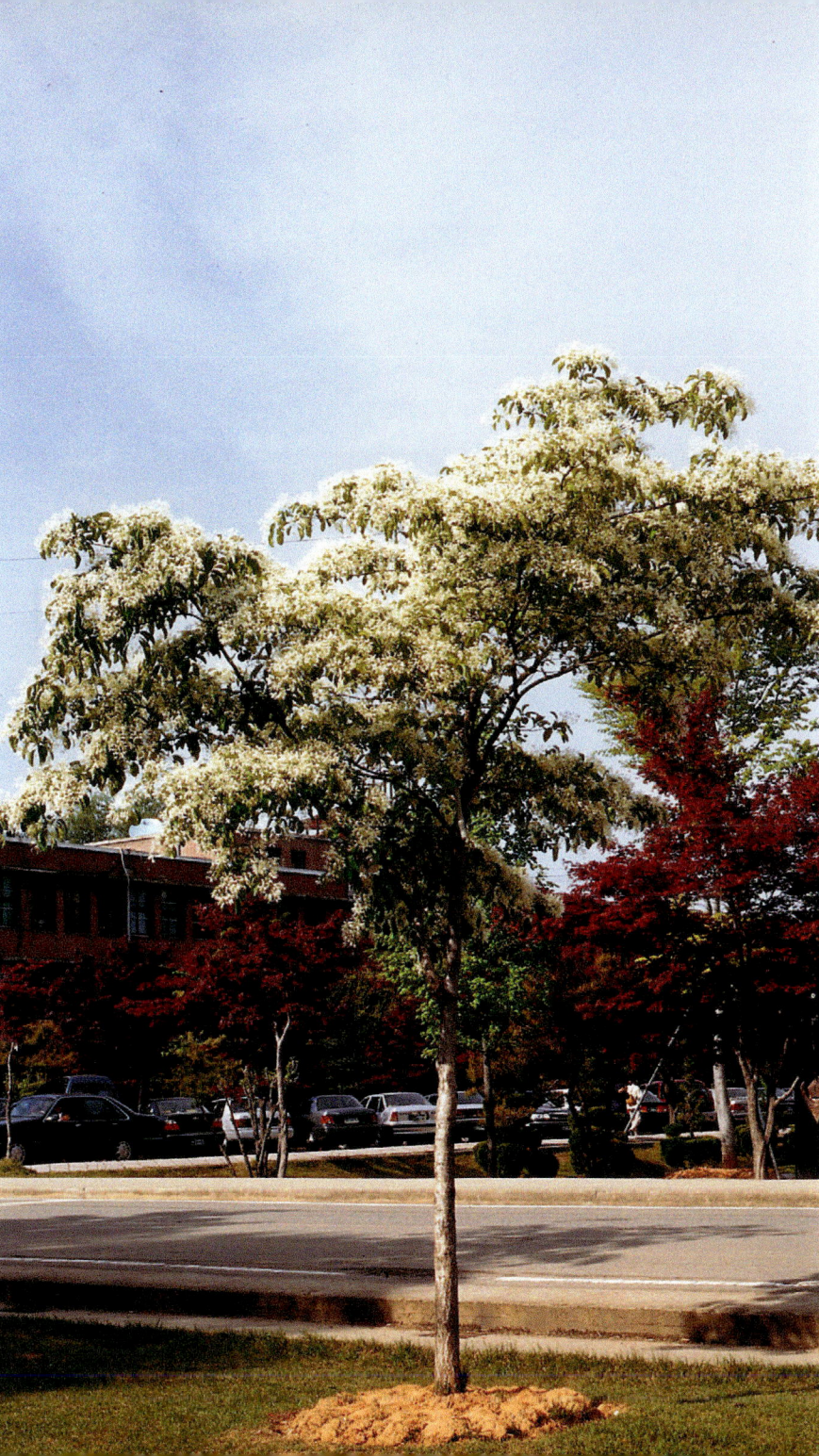

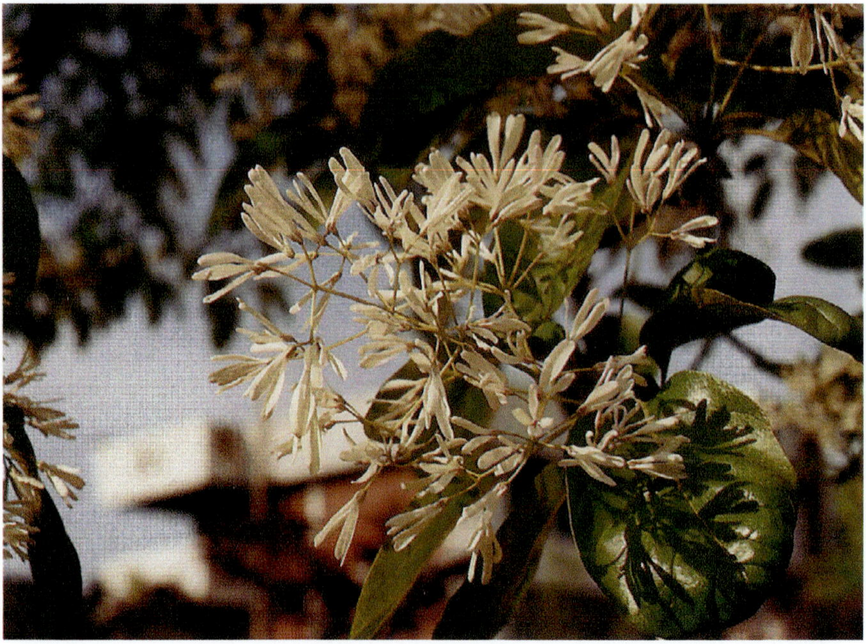

염색 이팝나무는 염료로 쓰인 적이 없는 식물이지만 잎의 색과 질감이 물푸레나무와 비슷하여 시험 삼아 물들여 보았다. 8월과 11월 전남대 구내에 심겨진 이팝나무의 잎을 채집하여 잘게 썬 다음 30분간 끓여서 염액을 내었다. 매염제를 쓰지 않고도 다갈색 계통의 색이 얻어지는데 여름보다 가을의 잎이 더 짙은 색을 내었다. 그러나 매염제에 대한 반응은 여름의 잎이 더 좋아서 다양한 색을 얻을 수 있었다.

무   동   철

자주괴불주머니(紫菫, 刻葉紫菫)
Corydalis incisa Pers.

우리나라의 남부 지방 저지대의 그늘진 숲 가장자리에서 자라며 중국, 일본에 분포하는 현호색과의 2년생풀이다.

긴 타원형의 통통한 곧은 뿌리에서 수염같은 잔뿌리가 많이 나온다. 원줄기는 여러 대가 곧추서며 능각이 있고 20 내지 50센티미터에 이른다. 잎에는 근생엽과 경생엽이 있고 잎자루가 길지만 위로 올라갈수록 작아진다. 근생엽은 길이 3 내지 8센티미터로 잎몸은 전체적으로 삼각상 난원형으로 2 내지 3회 우상으로 잘게 갈라지는데 열편은 달걀 모양의 쐐기형으로 깊게 갈라지며 부드럽다.

늦봄부터 초여름에 걸쳐서 줄기 끝에 많은 홍자색의 꽃이 달려서 총상꽃차례를 이룬다. 포엽은 쐐기 모양의 타원형으로 결각이 진다. 꽃은 통상 순형으로 한쪽 끝은 닫혀서 거를 이루고 다른 끝은 열려 있으며 보통 꽃과는 달리 1 내지 0.15밀리미터 길이의 꽃대가 통부의 아래에서 3분의 1 정도 되는 곳에 직각으로 달린다. 수술은 6개인데 3개씩 두 무리로 모여서 양체웅예를 이룬다.

열매는 길이 15밀리미터, 지름 3 내지 3.5밀리미터의 긴 타원형 삭과로 양끝이 뾰족하고 암술대가 남으며 아래를 향해 매달린다. 열매가 완전히 익으면 열매껍질이 재빨리 말리면서 그 탄력으로 검은 광택이 있는 씨앗이 멀리 튕겨져 나간다. 씨앗에는 개미가 좋아하는 부속체가 있어서 개미에 의해 흩어져 퍼진다.

프로토핀 등이 함유되어 있는 유독 식물로 중국에서는 구충제, 피부병의 외용제로 사용한다.

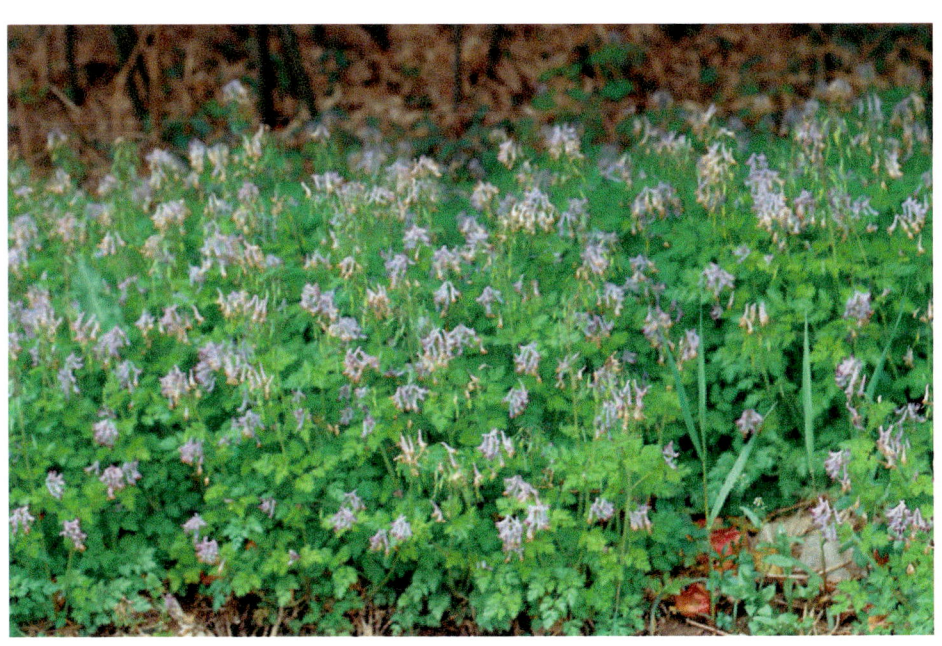

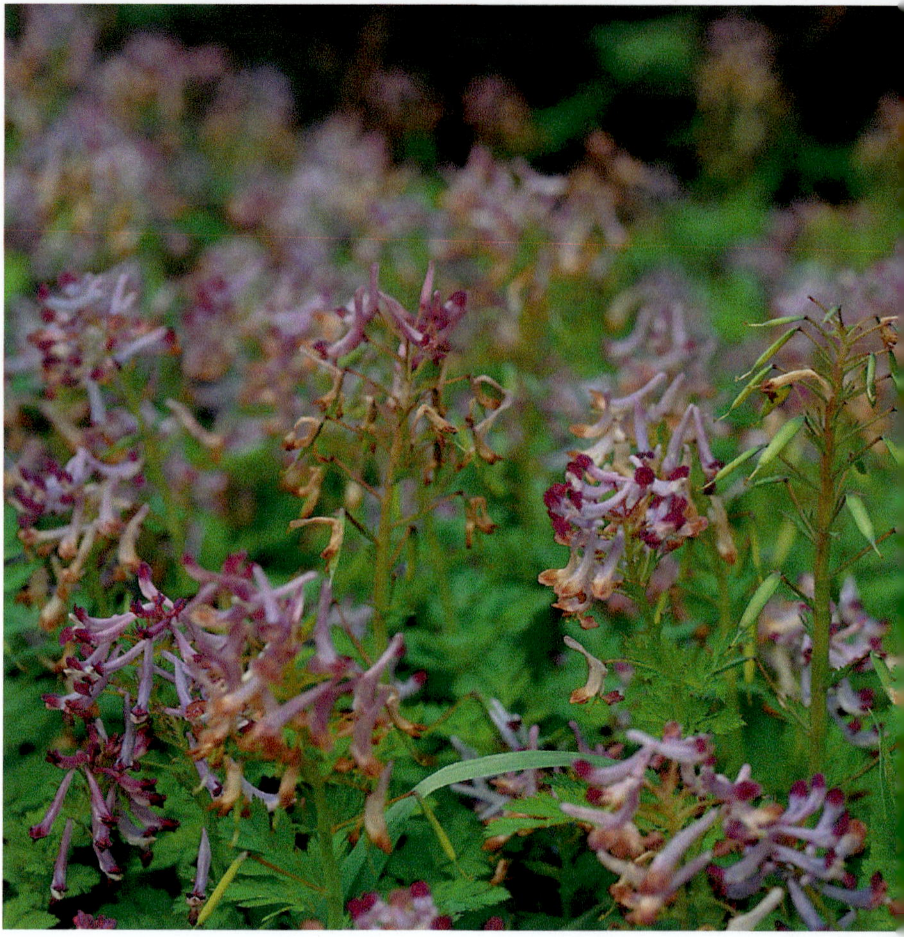

염색 4월 담양군 소쇄원 뒷산의 대나무숲 주변에 자주괴불주머니가 연보라색 꽃을 피우고 있었다. 지상부만을 잘라내어 잘게 썰어 끓여서 염액을 내었는데 식물체에 물이 많아서 보통 때보다 물을 적게 잡았다. 애기똥풀과 여러모로 비슷하여 매염제를 쓰지 않고도 짙은 색이 나왔다. 매염제에 대한 반응은 그다지 좋지 않아서 다양한 색을 얻기는 힘들다. 특히 철 매염의 경우 색이 물에 잘 씻겨 나간다.

무

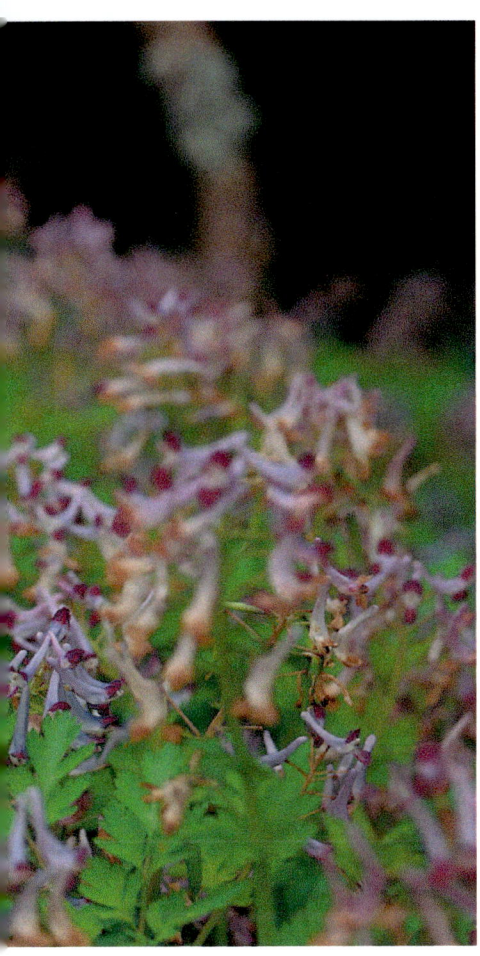

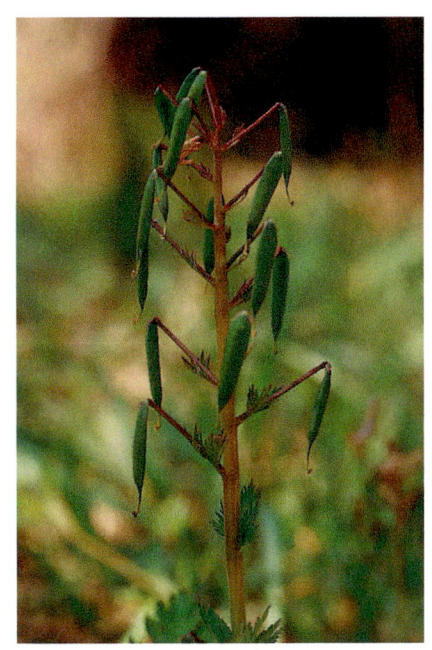

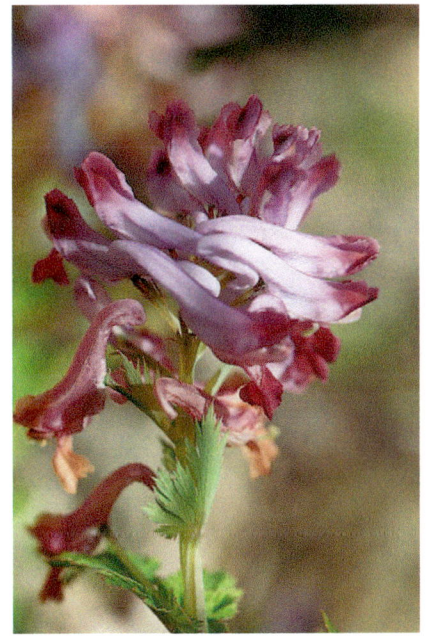

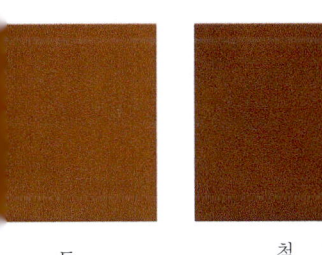

동   철

작약(Chinese Paeony, 芍藥)

Paeonia lactiflora var. hortensis Makino

중국 동북 지방, 시베리아에 주로 분포하며 우리나라에서는 산지 계곡과 같은 깊고 비옥한 땅에 자라는 미나리아재비과 여러해살이풀로 관상용, 약용으로 재배하기도 하는데 추위에는 잘 견디지만 더위에는 약하다.

뿌리는 통통하고 긴 방추형으로 여러 개가 생긴다. 줄기는 여러 대가 나와서 곧추 자라 50 내지 80센티미터에 이르고 식물체 전체에 털이 없다. 근생엽은 1 내지 2회 우상으로 갈라지고 경생엽은 어긋나며 아래의 것은 2회 3출 복엽이고 위로 올라갈수록 단순해져서 3출엽 또는 단엽으로 된다. 소엽은 피침형에서 난형까지 다양하고 표면은 짙은 녹색이며 가장자리는 밋밋하고 엽맥과 잎자루는 붉은색을 띤다.

5월에서 6월경 원줄기 끝에 커다란 꽃이 하나씩 위를 향해 달리는데 재배품 가운데는 지름 10센티미터에 이르는 큰 꽃을 피우는 품종도 있으며 꽃색 또한 흰색에서 붉은색까지 매우 다양하다. 꽃받침잎은 5장인데 녹색으로 가장자리가 밋밋하고 끝까지 붙어 있으며 가장 바깥의 1장은 잎처럼 커지기도 한다. 꽃잎은 10개 안팎인데 도란형으로 길이 5센티미터 정도이다. 수술은 매우 많으며 나선상으로 배열하는데 그 중앙에 3 내지 5개의 암술이 있다.

자방에는 털이 없고 암술머리는 짧으며 뒤로 젖혀진다. 열매는 골돌이며 내봉선에 따라 길게 갈라진다. 씨앗은 구형으로 윤기 있는 흑색으로 갯수가 많다.

작약의 뿌리는 한방에서 널리 쓰이고 있다. 백작약(白芍藥)에는 자양 보혈 · 진경 · 진통 효과가 있어서 다른 생약과 함께 조제하여 월경 조절 · 위경련 완화 · 만성 위염 · 간장 질환 · 류머티스성 관절염 등에 사용하고, 적작약(赤芍藥)에는 정혈 · 해독의 효과가 있어 다른 생약과 함께 조제하여 부인과 질환 · 타박상에 의한 내출혈 · 신경통 등에 사용한다.

염색 작약의 잎은 뒷면이 분백색으로 좋은 염료 식물인 자주괴불주머니나 애기똥풀과 비슷하다. 작약도 좋은 색을 담고 있을지 모른다는 추측을 확인해 보기 위해 뜰에 있는 작약을 희생시키기로 했다. 8월 작약의 잎을 따서 잘게 썬 다음 끓여서 염액을 추출했다. 잎에는 물기가 많은 편이어서 보통보다 물을 조금 잡았다. 생각대로 염색이 잘 되는 식물로 매염제에 대한 반응도 좋아서 각각의 색이 뚜렷하다.

알루미늄	동	철

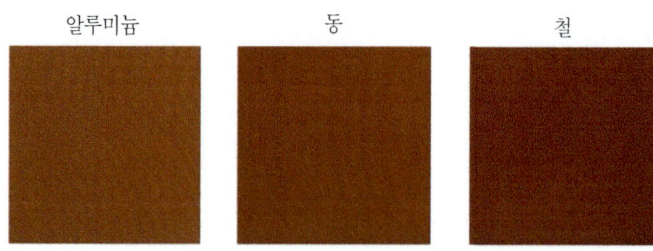

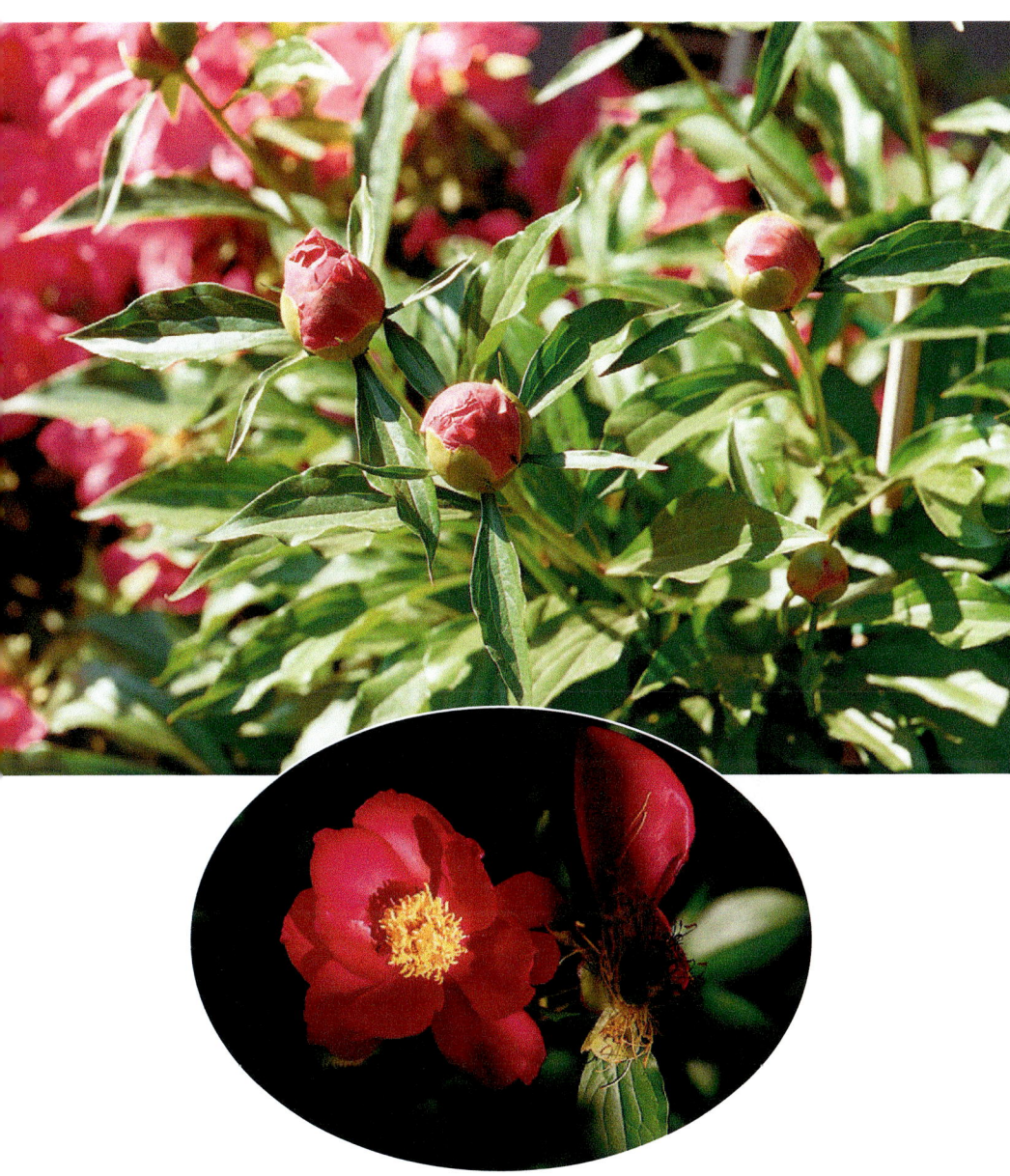

조개나물(多花筋骨草)
Ajuga multiflora Bunnge Bunge

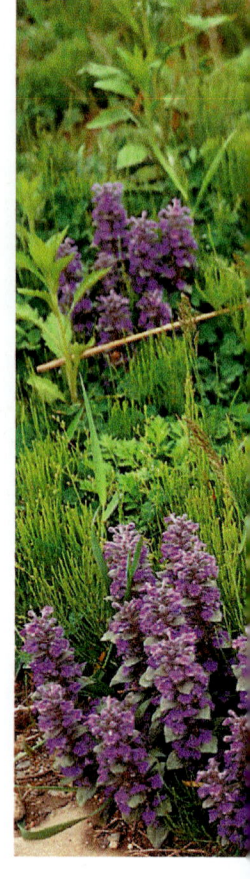

햇볕이 잘 드는 산지 사면이나 풀밭에 자라는 꿀풀과의 여러해살이풀이다.
줄기, 잎, 꽃의 전체에 긴 털이 많이 나고 키가 30센티미터에 이른다. 잎은 마주
나고 타원형 또는 달걀 모양으로 길이 1.5 내지 3센티미터, 너비 7 내지 20밀리
미터에 이르고 양면에 긴 선모가 있으나 자라면서 줄어지고 가장자리에 파도
모양의 톱니가 있다.
5, 6월에 잎겨드랑이에서 보라색의 꽃이 많이 생겨서 전체적으로 총상꽃차례
를 이룬다. 꽃받침은 7밀리미터 길이의 통 모양으로 중간 이상이 5개로 갈라지
며 끝이 뾰족하다. 꽃잎은 길이 2센티미터 정도로 통 모양인데 끝이 2개로 갈라
져서 각각 윗입술과 아랫입술을 이루고 아랫입술은 다시 3개로 옅게 갈라지는
데 가운데 것이 가장 길다. 수술은 4개로 그 가운데 2개가 보다 길다.
열매는 꽃받침으로 감싸여 있고 4개의 분과로 이루어지며 각각은 도란형으로
뒷면에 그물 같은 맥이 있고 앞쪽 아래에 큰 부착점이 있다. 백색 꽃이 피는 품
종도 있다.

염색 광주시 동운동 제1수원지의 비탈진 잔디밭에 조개나물의 보라색 꽃이
무리지어 피었다. 물들이기에는 부족한 양이어서 조금이라도 더 자라기를 기
다렸다가 5월 말 꽃이 시들기 시작할 즈음에 땅 윗부분만을 잘라 모았다. 염액
의 양이 적고 색이 옅어서 천을 오랫동안 담구어 두었으며 색을 짙게 하기 위해
여러 번 반복 염색하였다. 매염제에 대한 반응이 좋아서 다양한 색을 얻을 수 있
었다. 적은 양으로도 염색이 잘 되는 좋은 염료이다.

| 무 | 동 | 철 |

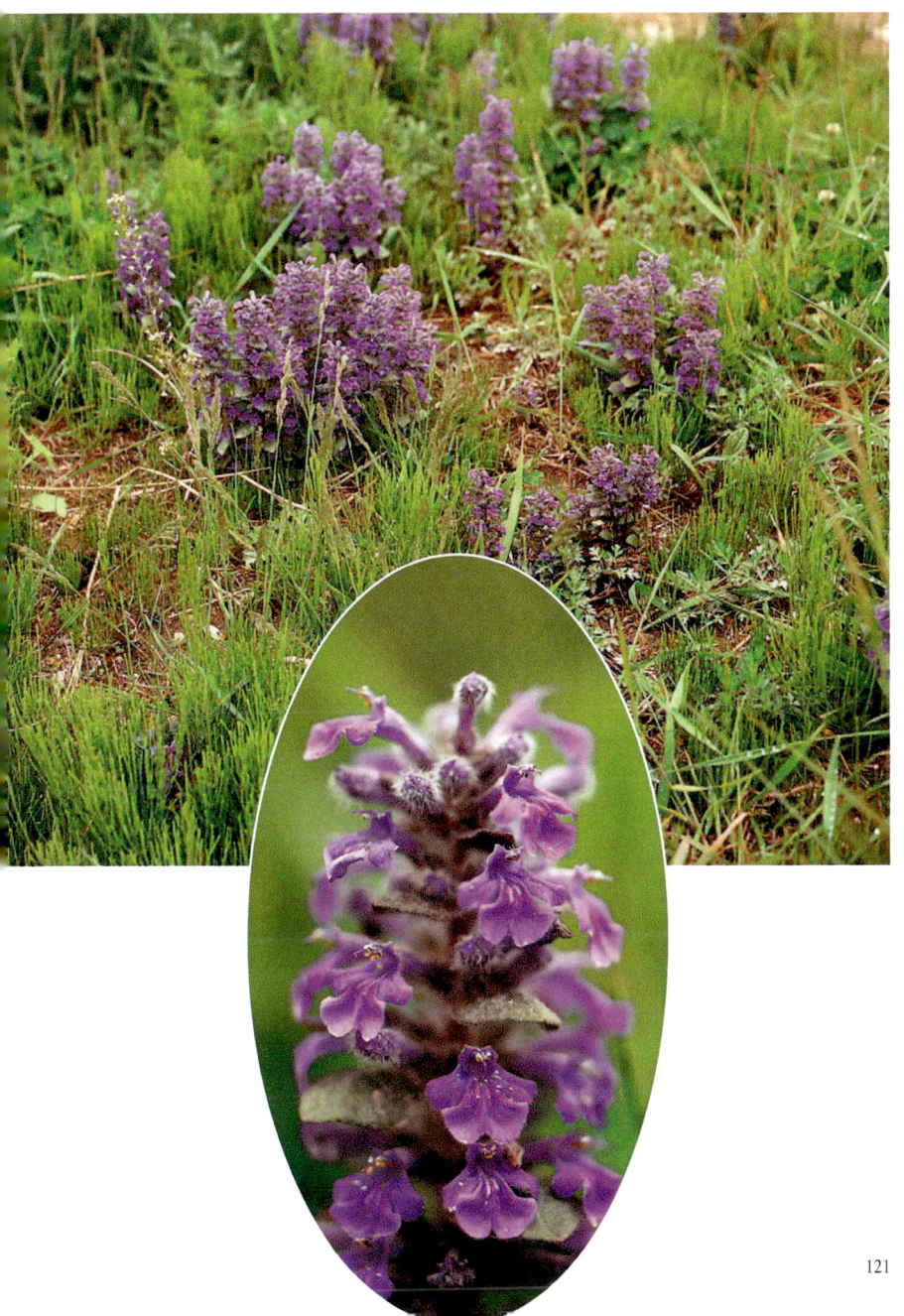

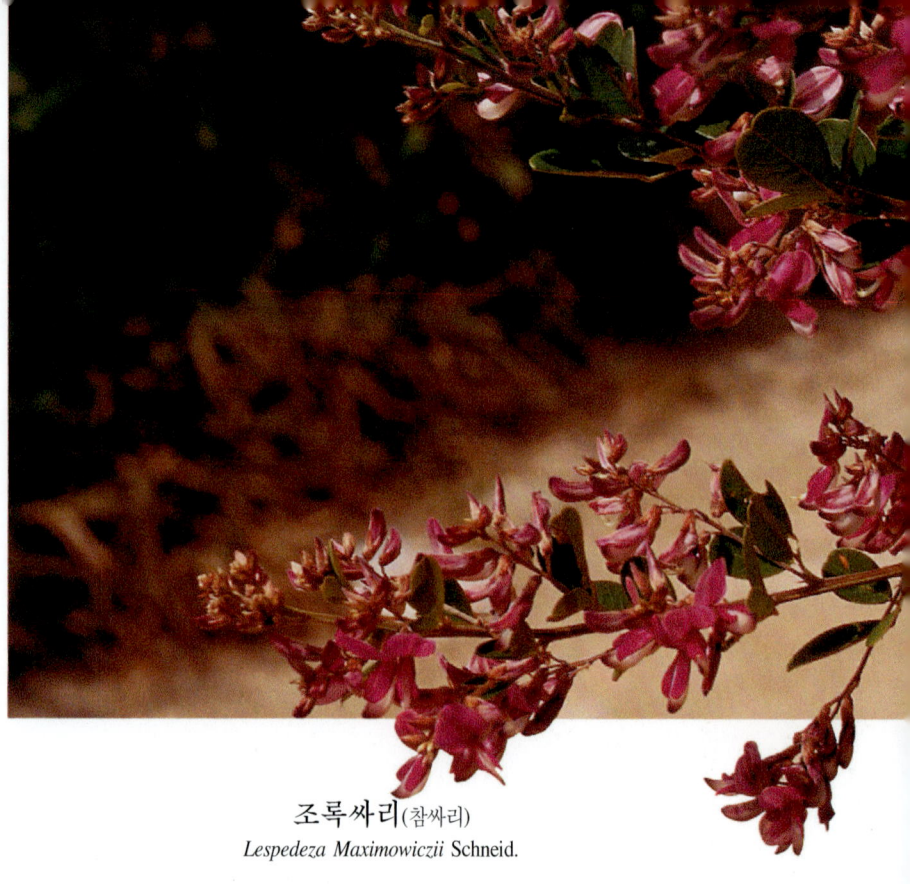

조록싸리(참싸리)

Lespedeza Maximowiczii Schneid.

전국 산지대의 볕이 잘 드는 곳에 자라는 콩과의 낙엽 지는 작은키나무로 1.5 내지 3미터에 이르고 줄기 지름이 4센티미터 정도 되는 개체도 있으나 아래에서부터 가지가 많이 나서 덤불을 이룬다.

어린 가지는 둥글고 털이 있으며 단면이 연한 녹색이고 수는 흰색이다. 잎은 어긋나고 정소엽과 한 쌍의 측소엽으로 된 우상 복엽으로 소엽은 달걀 모양 타원형으로 끝이 뾰족하고 밑이 둥글다. 가장자리는 밋밋하고 표면에는 털이 없으나 뒷면에는 윤기 있는 가는 털이 누워 있다. 잎자루는 3센티미터 정도로 털이 있고 밑에는 가늘고 긴 턱잎이 한 쌍 있다.

6월 이후에 가지 끝이나 위쪽의 잎겨드랑이에서 3 내지 8센티미터 길이의 총상꽃차례가 나와 꽃차례 기부에서부터 꽃을 피우는데 꽃차례 축과 꽃대에는 털이 있다. 꽃은 8 내지 12밀리미터 길이의 접형화로 홍자색이고 1 내지 2밀리미터 길이의 꽃대를 가진다. 꽃받침은 길이 3 내지 4밀리미터의 통 모양으로 가운데까지 4개로 갈라지고 끝이 뾰족하며 피침형의 포가 옆에 달린다.

꽃잎이 말라 떨어지면 초록색의 자방이 노출되는데 자방은 바로 부풀기 시작하여 9월에서 10월에 열매가 된다. 열매는 피침형의 콩깍지 모양으로 길이 1 내지 1.5센티미터이고 끝에 암술대가 남아서 길게 뾰족하고 겉에 그물맥이 있고 갈색의 누운털이 많다. 콩깍지 안의 씨앗은 납작한 콩팥 모양이다.

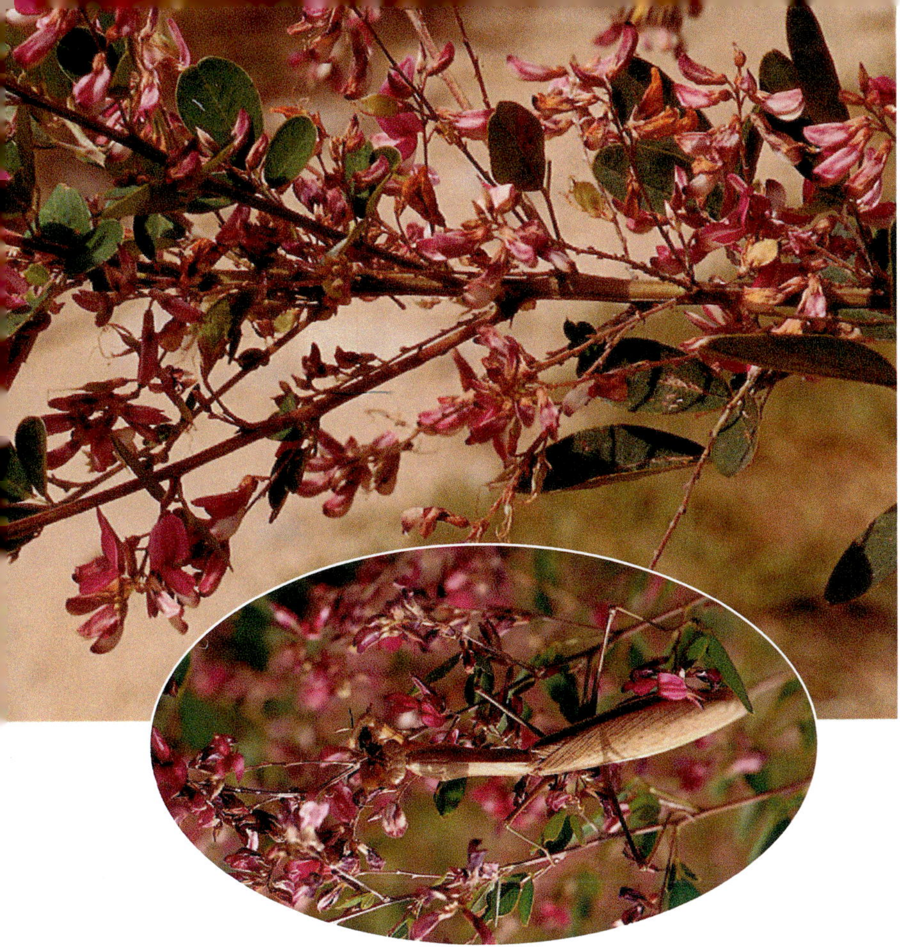

줄기와 잎은 불이 잘 붙고 연기가 나지 않아서 불쏘시개로 쓴다. 잎은 가축의 먹이가 되고 나무 껍질에서 섬유를 얻을 수 있다.

염색 싸리나무 종류는 적갈색 염료로 쓰이곤 하지만 종류에 따라 그리고 계절에 따라서 색상이 약간씩 달라지는 경향이 있다. 10월 무등산 자락에 있는 풍암저수지 주변에서 조록싸리의 줄기와 잎을 채집하여 잘게 썬 다음 20분간 끓여서 염액을 만들었다. 염액은 짙은 적갈색으로 매염제를 쓰지 않고도 짙은 색으로 물들었다. 매염제에 대한 반응도 좋은 편으로 다양한 색을 얻을 수 있다.

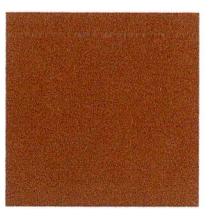
알루미늄

동

칠

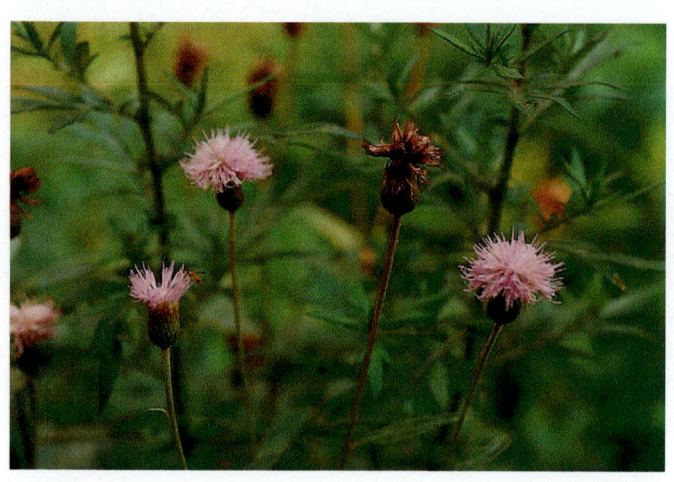

조뱅이 (자리귀, 조바리)
Cephalonoplos segetum (Bunge) Kitamura

중국 동북 지방과 일본 대마도에 주로 분포하는데 우리나라 평지의 길가, 빈터, 경작지의 가장 자리 등 햇볕이 잘 드는 곳에도 자라는 국화과에 속하는 2년생풀이다.

줄기는 거의 갈라지지 않고 곧추서서 25 내지 50센티미터에 이르고 털이 있으며 근경이 길다. 꽃방석 모양의 근생엽이 발달하나 꽃이 필 때에는 없어진다. 경생엽은 긴 타원상 피침형으로 길이 7 내지 10센티미터이고 끝이 둔하고 밑이 점점 좁아져 짧은 잎자루로 끝나며 가장자리에 는 바늘 모양으로 뾰족한 작은 톱니가 있다. 윗부분의 잎은 작고 밑이 둥글며 잎자루가 없고 흰 색의 가는 털이 거미줄처럼 얽혀 있으며 가장자리가 밋밋하거나 짧은 바늘 모양의 잔가시로 끝나는 치아상 거치가 있다.

5월에서 8월에 줄기 끝에 긴 꽃대가 있는 보라색의 두화를 피우는데 암개체와 수개체가 따로 있다. 두화의 지름은 3센티미터 정도이고 총포의 지름은 2.5센티미터인데 총포의 길이는 암개 체가 수개체보다 길어서 각각 2.3센티미터, 1.8센티미터이며 백색 털로 덮여 있다. 포편은 8줄 로 되어 있는데 외편은 긴 타원상 피침형으로 가장 짧으며 중편 이상은 피침형으로 끝이 가시 처럼 뾰족하고 흑자색을 띤다. 꽃은 모두 통부가 긴 통상화로 수꽃은 길이 17 내지 20밀리미터, 암꽃은 길이 26밀리미터이다. 관모는 우모상으로 아랫부분이 서로 붙어 왕관 모양을 이룬다. 열매는 긴 타원형의 수과로 4개의 능선이 있고 겉은 매끈하다.

어린순은 나물로 하고 식물체 전체를 짓찧어서 지혈제로 쓴다. 강장, 이뇨제로도 쓰이고 토혈, 혈뇨, 혈변, 자상, 급성 간염에도 효과가 있다고 한다.

염색 전남대 교수 아파트 주변의 잔디밭 귀퉁이에 분홍색의 조뱅이꽃이 잔뜩 피어 있었다. 국화과 식물에는 좋은 염색 재료가 많지만 조뱅이는 문헌에도 기록이 없고 누구도 염색해 보지 않은 식물이다. 5월 잎 가장자리의 딱딱한 가시에 찔리지 않도록 주의하면서 지상부를 잘라내어 잘게 썰어서 끓였다. 짙은 색의 염액에 비해 천에 물든 색은 옅어서 반복하여 염색했다. 매염제에 대한 반응은 좋아서 다양한 색상을 얻을 수 있다.

무

동

철

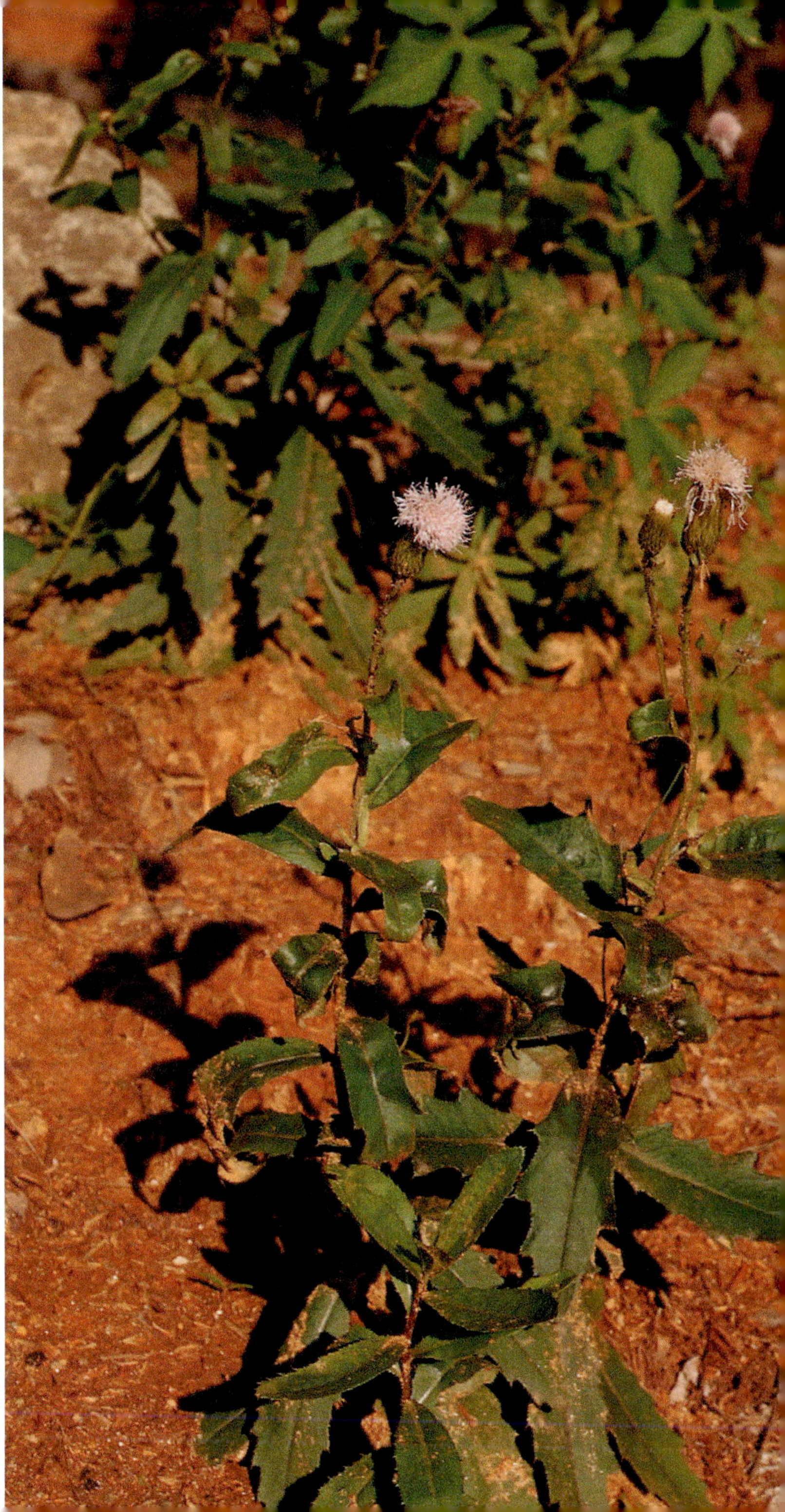

족제비싸리(False Indigo, Bastard Indigo)
Amorpha fruticosa L.

북아메리카 원산으로 일제시대에 사방용으로 들여와서 길가에 널리 심는 콩과의 낙엽 지는 키작은나무이다. 줄기는 3미터에 달하고 어린 가지에는 털이 있으나 점차 없어지며 아래에서부터 가지가 많이 갈라져 다부룩하게 자란다. 잎은 어긋나고 11 내지 25개의 소엽으로 된 기수 우상 복엽이다. 소엽은 1.5 내지 3센티미터 길이의 난형 또는 타원형으로 끝은 둥글며 주맥이 털처럼 짧게 나오고 밑도 둥글다. 가장자리는 밋밋하고 뒷면에 털이 있거나 없다. 5월에서 6월경에 가지 끝이 2, 3개로 갈라지면서 짙은 자줏빛이 도는 하늘색 꽃이 다닥다닥 모여 7 내지 15센티미터 길이의 수상꽃차례를 이룬다. 꽃은 접형화로 기판은 길이 6밀리미터 정도의 달걀 모양 원형으로 익판과 용골판은 없다. 짙은 향기가 있으며 꽃가루가 많아서 곤충이 많이 모인다. 꽃받침은 통형으로 끝이 가늘게 5개로 갈라져 뾰족하고 선점이 많으며 털이 있거나 없다. 성숙한 수술은 주황색으로 화판의 짙은 자주색과 어울려 강렬한 대비를 이룬다. 열매는 길이 7 내지 9밀리미터의 협과로서 약간 구부러져 있으며 9월에 익는다. 씨앗은 신장형으로 한 열매에 보통 1개씩 생긴다. 생장이 빠르고 왕성하여 길가나 사방 지역, 노출된 경사면을 덮는 데 쓰인다. 맹아력이 좋고 꽃이 아름답기 때문에 생울타리로도 적합하다.

알루미늄

동

철

염색 족제비싸리를 염료 식물로 이용했다는 기록은 없지만 그 꽃의 강렬한 색에 끌려 한번 물들여 보고 싶었던 식물이다. 고속도로 주변과 같은 한적한 곳에서 자라기 때문에 채집을 미루곤 했는데 6월 곡성군 죽곡면 봉정초등학교 뒷산의 임도에서 자주색으로 활짝 핀 한 무리의 족제비싸리를 만나게 되었다. 잎과 꽃을 포함한 가지 끝을 모아서 염액을 내었다. 염액은 포도주색으로 포도와 같은 신맛이 있다. 매염제에 대한 반응이 좋으며 특히 철은 매우 짙고 깊은 색이 되었다.

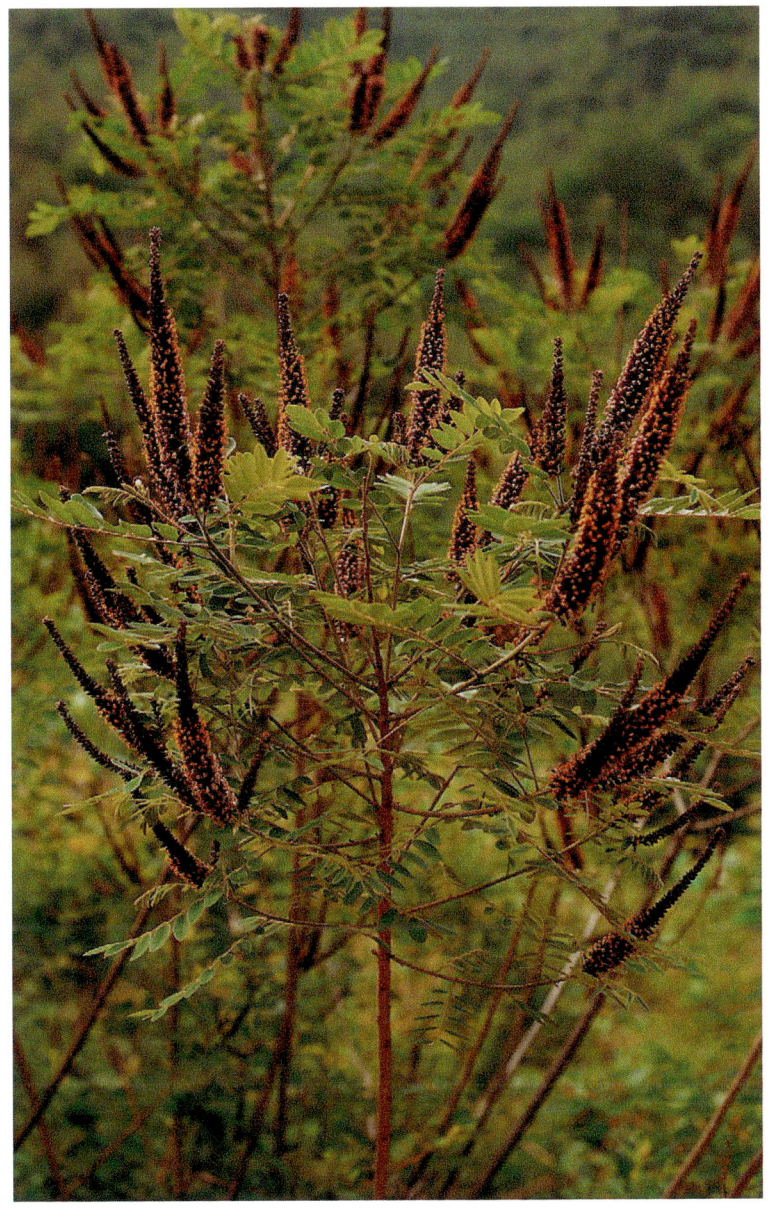

짚신나물(Asian Agrimony, 龍芽草·仙鶴草)
Agrimonia pilosa Ledeb.

중국, 타이완, 일본에 주로 분포하지만 우리나라의 볕이 잘 드는 들판이나 산지의 길가에도 흔히 볼 수 있는 장미과의 여러해살이풀이다.

곧추 자라 30 내지 100센티미터에 이르고 식물체 전체에 거친 털이 많다. 잎은 어긋나고 우상 복엽으로 크고 작은 소엽들로 이루어지는데 큰 소엽은 5 내지 7개로 아래의 소엽이 보다 작고 정소엽과 가장 위의 측소엽은 모양과 크기가 비슷하며 소엽과 소엽 사이에 훨씬 작은 소엽들이 있다. 큰 소엽은 긴 타원상 피침형으로 길이 3 내지 6센티미터, 너비 1.5 내지 3.5센티미터로 양끝이 좁고 가장자리에 톱니가 있다. 턱잎은 반심장형으로 2개가 마주 붙어서 줄기를 감싸고 가장자리에는 크고 불규칙한 톱니가 있다.

6월에서 8월에 줄기 윗부분이 갈라지고 원줄기와 가지 끝에 노랑색의 작은 꽃이 많이 생겨서 10 내지 20센티미터 길이의 꽃차례를 만든다. 꽃차례는 얼핏 수상꽃차례처럼 보이지만 짧은 꽃대가 있어서 총상꽃차례이다. 꽃받침은 거꾸로 된 원추형으로 길이 3밀리미터이고 끝이 5개로 중간까지 갈라지고 길이 방향으로 파진 줄이 있으며 갈고리 모양의 털이 많다. 꽃잎은 타원형 또는 도란형으로 길이 3 내지 6밀리미터이다. 수술은 12개로 꽃잎보다 짧고 암술은 꽃받침에 완전히 싸여 있다.

열매는 수과로서 꽃받침에 싸여 있다. 열매가 익으면 꽃받침 표면의 갈고리 모양 털이 짐승이나 사람의 옷에 달라붙어서 산포된다.

어린순을 나물로 한다. 식물체에 수렴·지혈 작용이 있어서 전체를 말려서 이용한다. 유선염, 트리코모나스질염, 독사에 물렸을 때에도 효과가 있다.

염색 9월 장흥군 가지산의 보림사 주변 숲에서 짚신나물을 채집하였다. 한 줄로 늘어서서 핀 노랑꽃이 어두운 숲속에서도 쉽게 눈에 띈다. 단단해진 줄기 아랫부분은 버리고 부드러운 윗줄기와 잎, 꽃을 전부 함께 섞어 잘게 썬 다음 끓여서 염액을 내었다. 예상밖으로 아주 좋은 염료 식물로 매염제 없이도 짙은 색을 얻을 수 있다. 매염제에 대한 반응 또한 좋아서 다양한 색을 만들 수 있다.

| 무 | 동 | 철 |

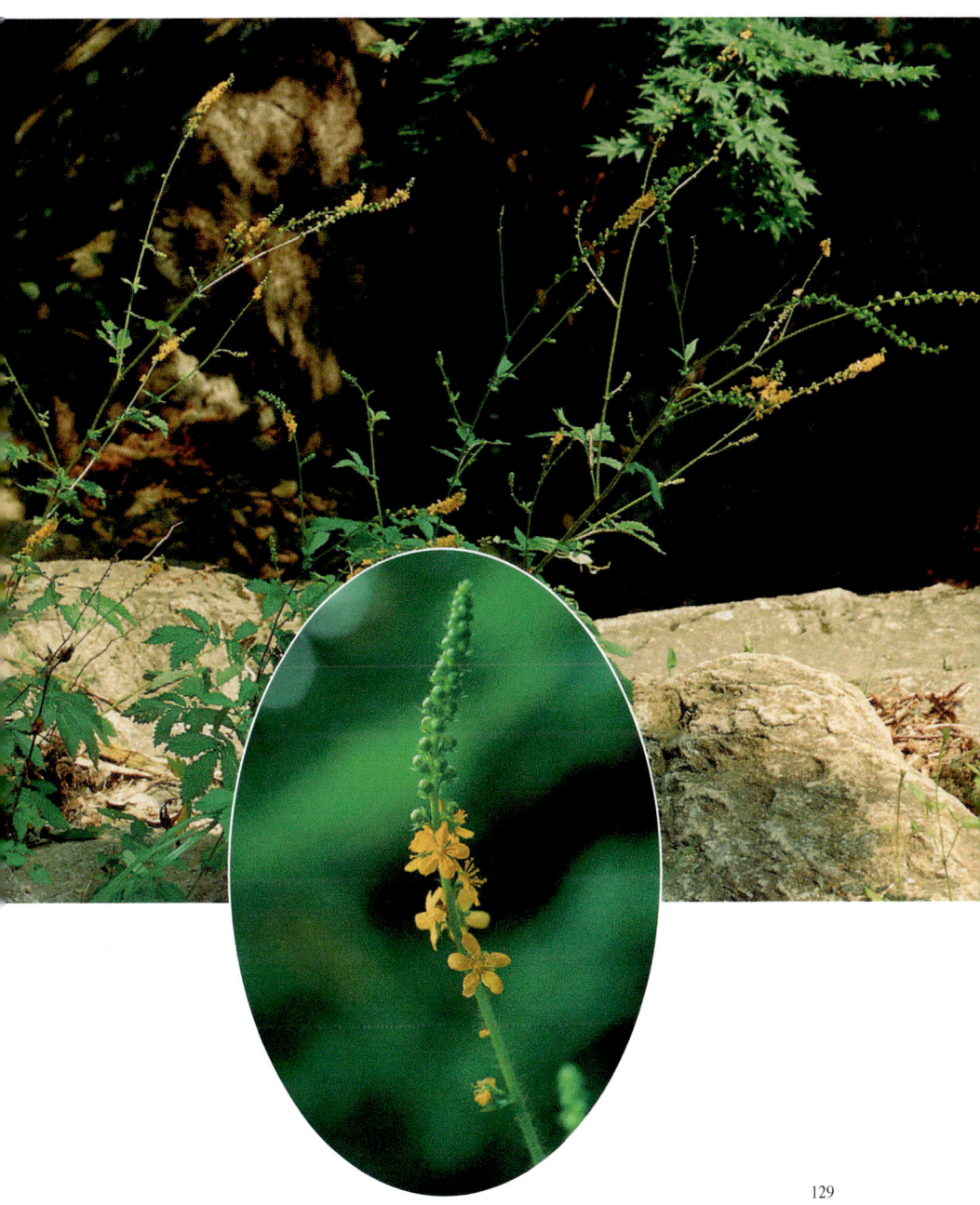

찔레나무(가시나무 · 질누나무 · 질꾸나무, Polyantha Rose, 多花薔薇)
Rosa Multiflora Thunb.

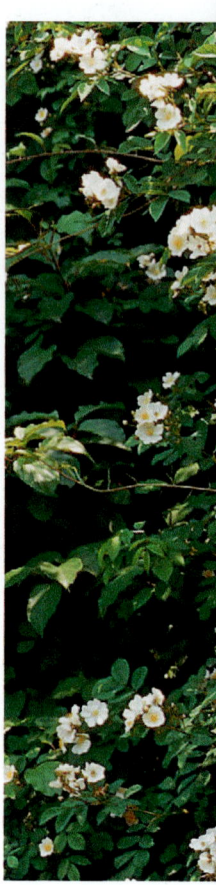

우리나라 전역과 일본에 분포하며 볕이 잘 드는 산이나 들에서 흔히 볼 수 있는 장미과의 낙엽 지는 키작은나무이다.

줄기에는 날카로운 가시가 많고 가지가 많이 갈라져서 덤불을 이룬다. 어린 가지에는 털이 있는 경우도 있으며 성장이 좋은 가지는 덩굴처럼 벋어 나간다. 잎은 어긋나고 3 내지 9개의 소엽으로 된 우상 복엽이며 소엽은 길이 2 내지 3센티미터로 타원형 또는 넓은 달걀 모양으로 끝과 밑이 좁고 표면에는 털이 없고 뒷면에는 잔털이 약간 있으며 가장자리에는 잔톱니가 있다. 탁엽은 피침형으로 끝이 날카롭게 갈라지고 연한 털이 있고 중간 이하의 부분이 잎자루에 붙어 있다.

5월에 새 가지의 윗부분이 여러 번 갈라져서 끝에 지름 2센티미터의 흰색 또는 드물게 연홍색의 꽃을 하나씩 만들어서 전체적으로 원추꽃차례를 이룬다. 꽃자루에는 털이 없거나 선모가 약간 있으며 꽃받침은 5개로 피침형이고 안쪽에 털이 있고 뒤로 젖혀진다. 꽃잎은 5개로 도란형인데 끝이 약간 오목하고 수평으로 열리며 향기가 좋다. 수술은 노랑색으로 수가 많다.

열매는 꽃받기가 부풀어서 된 위과로 지름 8밀리미터의 공 모양으로 9월에 붉게 익으며 윤기가 있다. 열매껍질 안에는 많은 수과가 들어 있는데 수과는 흰색으로 길이 3밀리미터이고 털이 있다.

민간에서는 열매를 지사제로 사용한다.

염색 찔레꽃은 누구나 아는 흔한 식물로 갈색 계통의 염료를 얻기 위해 이용되는 식물이다. 빨간 열매를 이용하면 옅은 갈색을 얻을 수 있다. 7월 화순군 동복댐 주변에서 잎을 채집하여 잘게 썬 후 끓여서 염액을 만들었다. 염액은 적갈색으로 탁하다. 계절에 따른 차이를 보기 위하여 같은 해 10월 무등산 밑의 풍암저수지에서 채집한 잎으로도 물을 들여 보았다. 염액의 색은 그다지 다름이 없으나 매염제에 대한 반응은 가을에 채집한 것이 보다 좋았다.

석	동	철

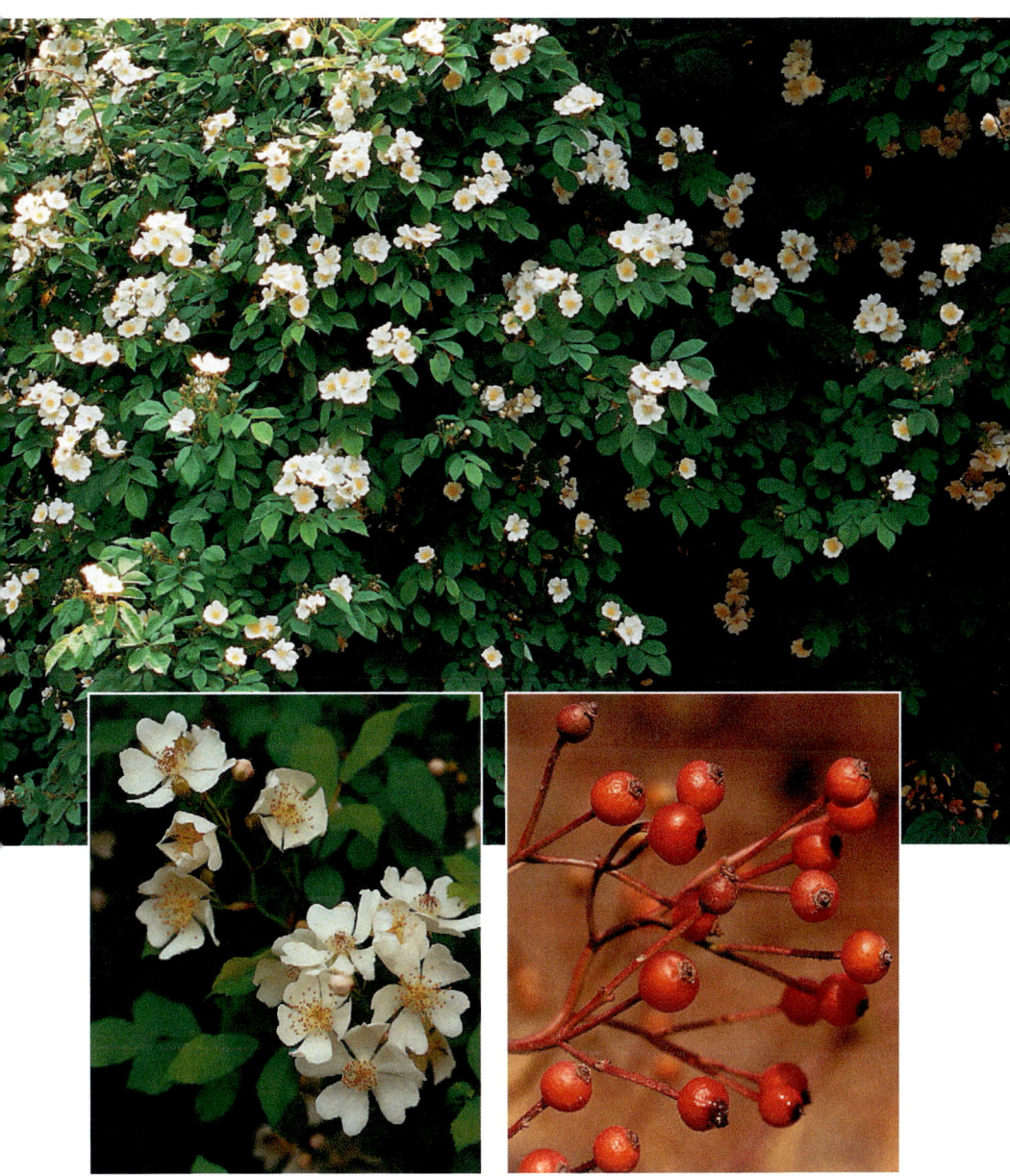

참취(東風采)

Aster scaber Thunb.

산지의 건조한 풀밭이나 길가에서 흔히 볼 수 있는 국화과의 여러해살이풀이다.

곧추 자라 1 내지 1.5미터에 이른다. 줄기는 윗부분에서 산방상으로 갈라지고 짧고 굵은 땅속 줄기가 있다. 근생엽은 장심장형으로 끝이 뾰족하고 가장자리에 거친 톱니가 있으며 긴 잎자루에는 좁은 날개가 있는데 꽃이 필 때에는 시들어 없어진다. 줄기 아래의 경생엽은 근생엽과 비슷한데 길이 9 내지 24센티미터, 너비 6 내지 18센티미터에 이르고 가장자리에 치아상 복거치가 있다. 잎몸은 두텁고 거칠며 양면에 털이 있으며 잎자루에 좁은 날개가 있다. 잎은 줄기 중앙에서 위로 갈수록 점점 작아져서 잎모양이 심장형에서 달걀 모양 삼각형이 되고, 잎밑이 심장 모양에서 둥글거나 뾰족해지며 잎자루도 점점 짧아진다. 간혹 잎에 작은 잎이 로제트 (rosette)상으로 겹쳐진 무성아 모양의 혹이 생기는데 이는 벌레에 의한 충영이다.

8월에서 10월 사이에 산방상으로 갈라진 가지 끝에 지름 18 내지 24밀리미터의 흰색 두상화가 핀다. 총포는 반구형으로 길이 4 내지 5밀리미터, 너비 7 내지 9밀리미터로 끝이 둥글고 가장자리가 건막질인 총포편이 3줄로 배열한다. 외포편은 긴 타원형으로 길이 1.5밀리미터 정도이고 안으로 갈수록 길어져서 내포편은 길이 4 내지 5밀리미터이다. 두상화의 가운데에 있는 통상화는 황색으로 빽빽하게 많으나 주변의 설상화는 흰색으로 5 내지 8개이고 길이 11 내지 15밀리미터, 너비 3밀리미터 정도이다.

열매는 수과로서 긴 타원상 피침형으로 길이 3 내지 3.5밀리미터, 지름 1밀리미터이고 털이 없다. 관모는 옅은 갈색으로 길이 3.5 내지 4밀리미터이다.

어린순을 나물로 하거나 튀겨서 먹는다. 중국에서는 식물체 전체를 타박상이나 뱀에 물린 데에 이용하고 뿌리를 진통제나 장염 치료제로 쓴다.

염색 병풍산에서 채집하여 앞뜰에 옮겨 심은 참취로부터 씨앗이 떨어져서 어느새 대가족이 되었다. 4월 뿌리 위에서 잘라서 가는 줄기와 잎을 잘게 썰어 믹서에 간 다음 끓여서 염액을 추출하였다. 염액에는 기분 좋은 향이 있으며 선명한 짙은 녹색으로 상당히 기대했으나 짙게 물들지는 않았다. 염액의 색에 비해 옅게 물드는 편으로 반복 염색하여 밝고 독특한 색상을 얻을 수 있었다.

무   동   철

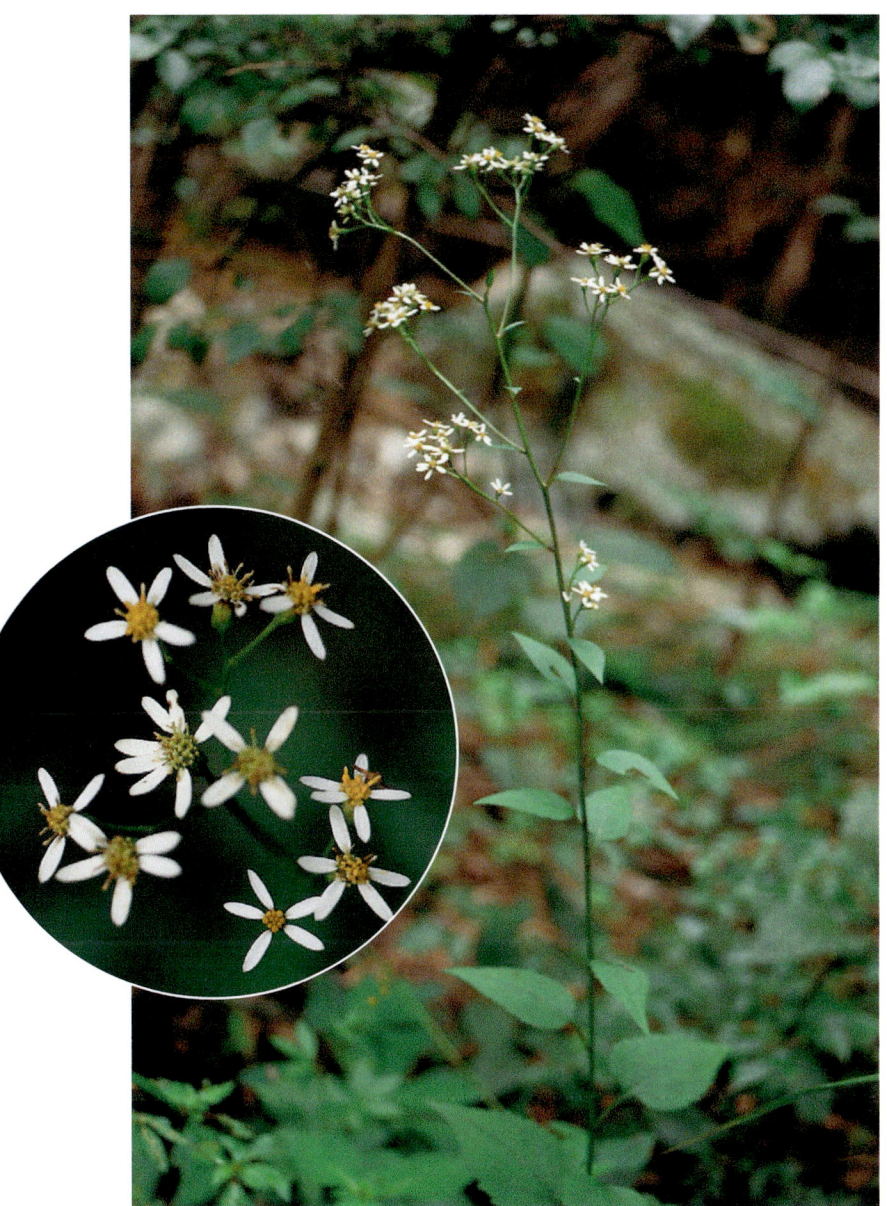

칡(Kudzu-Vine, 葛 · 野葛)
Pueraria thunbergiana Benth.

동아시아의 난온대에 분포하며 햇볕이 잘 드는 각지의 산야에서 흔히 볼 수 있는 크고 강한 여러해살이 콩과 덩굴식물이다.

줄기의 아랫부분은 목질화하고 윗부분은 겨울에 말라 죽는다. 줄기는 전체에 갈색의 거친 털이 많고 주변의 물체를 감으며 덮어 나가서 10미터 이상으로 길게 자란다. 땅속에 길이 1미터, 지름 20센티미터 정도의 커다란 덩이뿌리를 갖는다. 줄기가 땅에 닿으면 각 절에서 뿌리가 나와 영양 번식한다. 잎은 3장의 소엽으로 된 기수 한쌍 우상 복엽으로 소엽의 크기는 10 내지 17센티미터이고 정소엽은 다이아몬드 모양 또는 달걀 모양이며 측소엽은 좌우가 다른 일그러진 달걀 모양 타원형이다. 끝은 뾰족하고 밑은 둔하거나 짧은 쐐기형이고 가장자리가 밋밋하거나 드물게 약간 결각이 지기도 하며 짧고 작은 잎자루가 있다. 잎은 두텁고 뒷면은 창백한 녹색이고 총잎자루는 10 내지 20센티미터로 털이 많다.

8월 이후에 잎겨드랑이에서 15 내지 18센티미터 길이의 화축을 내어 적자색의 접형화가 빽빽히 달린 총상꽃차례를 이룬다. 꽃차례는 곧추서고 아래에서부터 꽃이 핀다. 꽃받침은 통형으로 끝이 절반 정도까지 5개로 갈라지며 아래쪽의 열편이 가장 길다. 꽃은 길이가 18 내지 20밀리미터이고 기판은 색이 엷어서 흰색이 되기도 하고 익판은 짙은 적자색이다. 수술은 10개이나 밑이 서로 달라붙어 한몸을 이룬다.

열매는 넓은 선형의 콩깍지로 편평하고 길이 5 내지 10센티미터, 너비 8 내지 10밀리미터로 갈색의 거친 털로 덮여 있다. 열매는 가을에 익는다.

덩이뿌리는 무게가 30킬로그램을 넘는 경우도 있는데 그 가운데 20퍼센트 정도가 전분이어서 요리, 과자의 재료로 쓰인다. 줄기로부터 얻어진 섬유로 갈포(葛布)를 짠다. 뿌리는 갈근(葛根)이라 하며 혈당 강하, 해열 작용과 피흐름을 좋게 한다.

염색 칡은 녹색을 얻을 수 있는 염료 식물이다. 여름에서 가을에 걸쳐 잎으로부터 염료를 추출하는데 그냥 물에 넣고 끓여서는 짙은 색을 얻기 힘드므로 0.1퍼센트의 탄산칼륨 액에 넣어서 끓이도록 한다. 8월 무등산 풍암저수지 주변에서 채취한 잎과 시장에서 산 뿌리를 각각 이용하였다. 잎은 섬유질이 많아서 뻣뻣하다. 잎보다 뿌리가 더 짙은 색을 내었다. 그러나 뿌리로 낸 염액에는 거품이 많이 생기며 매염제에 대한 반응도 좋지 않다. 잎은 매염제에 대한 반응이 좋으며 특히 동을 사용했을 때 색상이 독특하다.

뿌리/잎   동(잎)   철(뿌리)

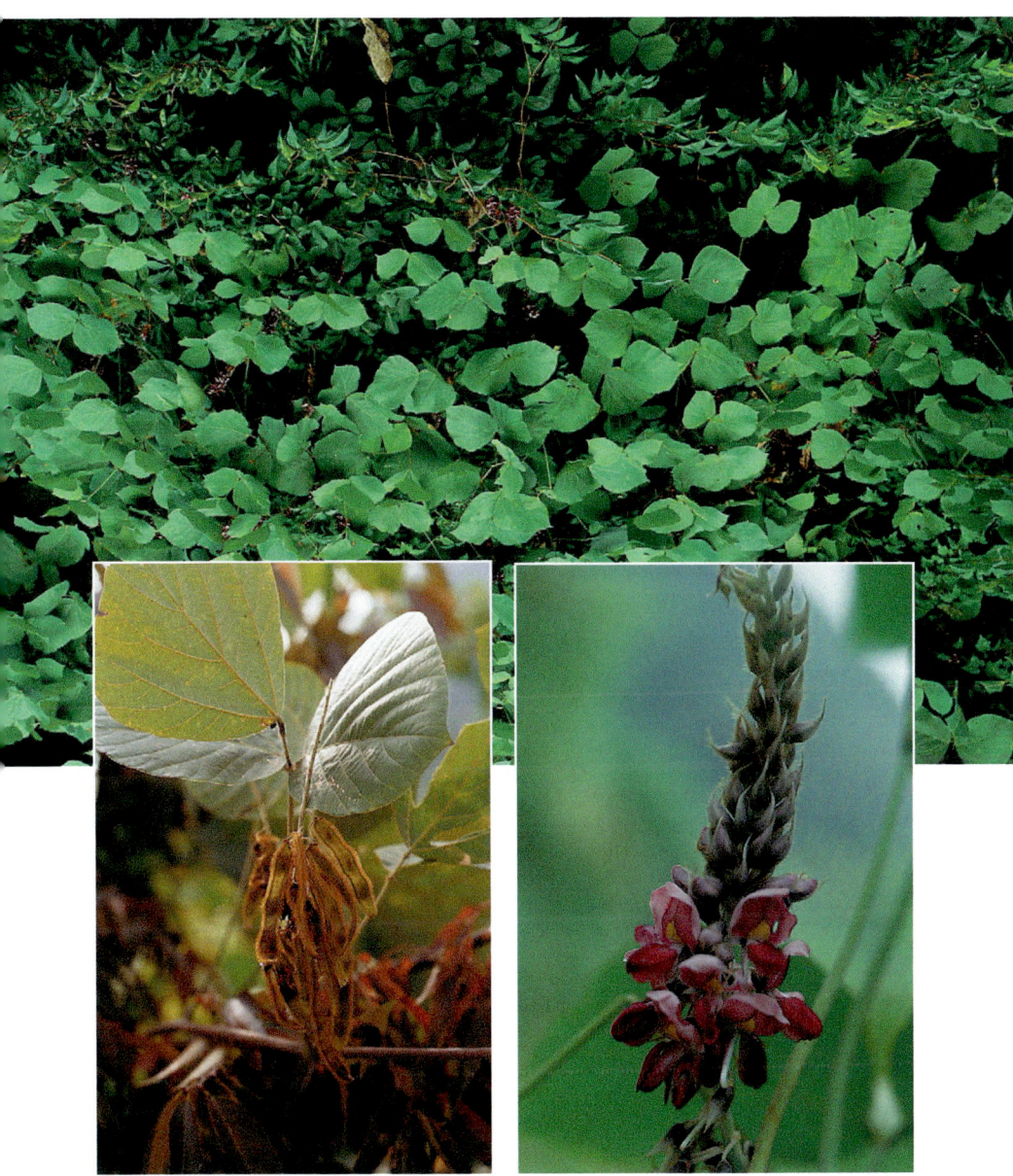

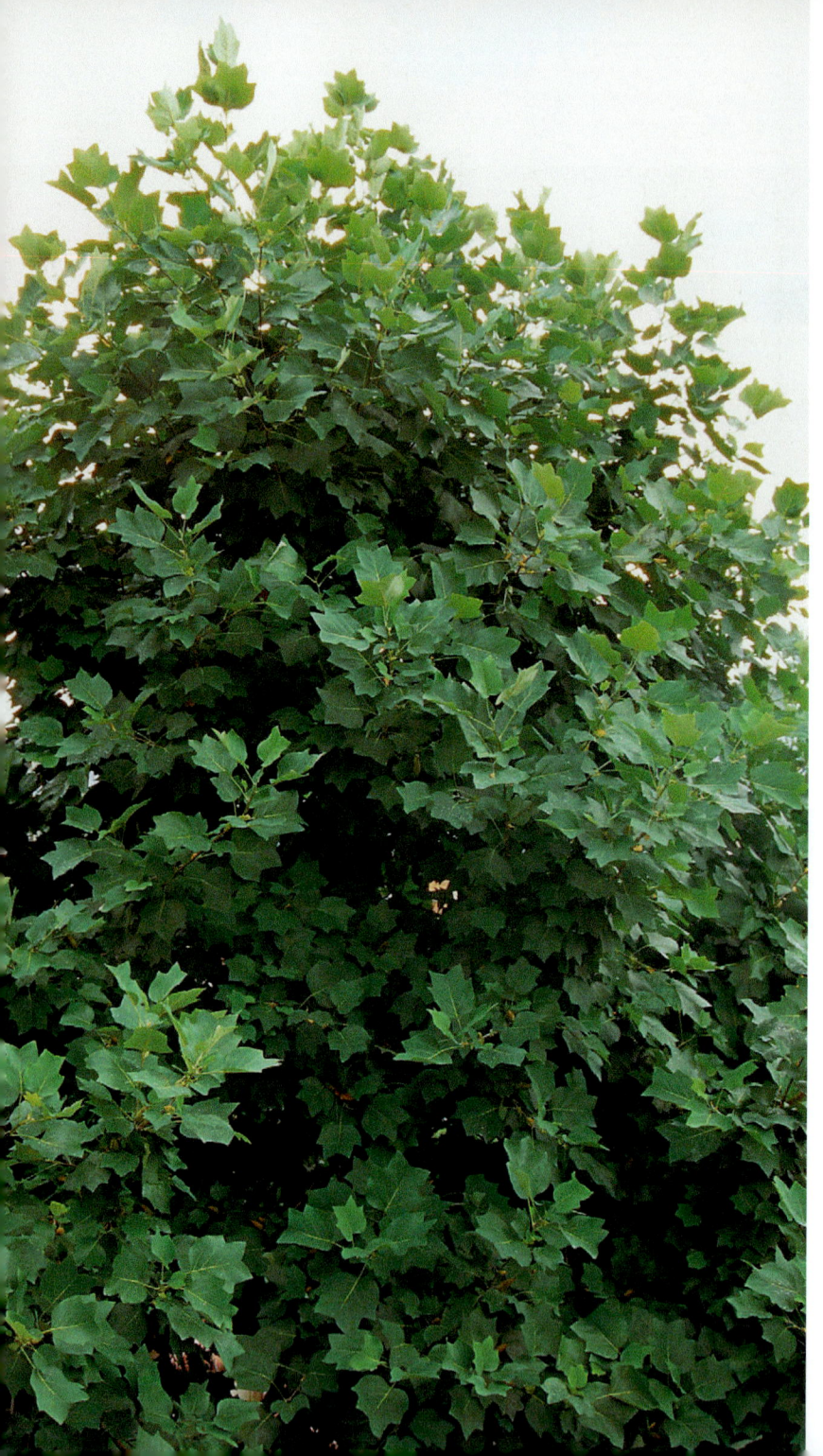

염색 곧은 수간, 無
성하고 깨끗한 잎, 연
두색과 주황색이 섞
인 독특한 꽃이 특㈜
인 튤립나무는 언제
보아도 청청한 힘을
느끼게 한다. 10년 전
앞뜰에 심어 놓은 튤
립나무는 2층 지붕
위로 한참을 자라 올
라 여름 내내 짙은 녹
색 그늘을 만들어 주
고 가을에는 끊임없
이 노랑색 낙엽을 떨
구어 준다. 10월과 이
듬해 5월 잎을 잘라
서 염색을 얻었다. 가
을에 물들인 색은 붉
은 차색으로 봄에 들
들이는 것보다 색이
짙었다. 염색하기에
아주 좋은 재료라고
생각되었으며 반복
염색하여 짙은 색을
얻었다. 매염제에 대
한 반응도 좋았다.

잎

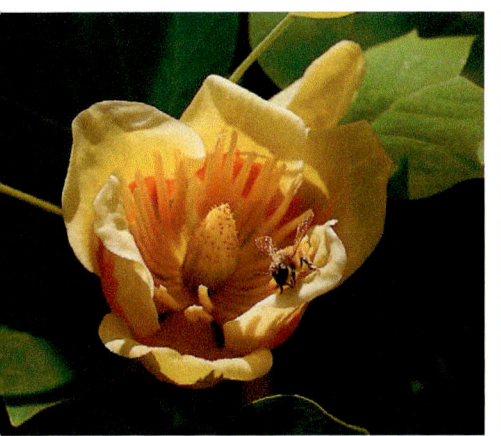
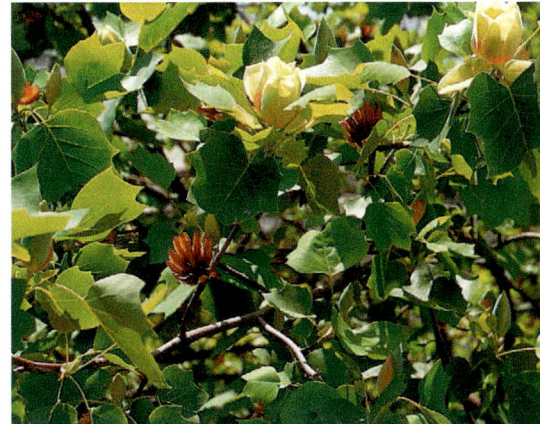

튤립나무(Tulip Tree · Yellow Poplar Whitewood, 美國鵝掌楸)
Liriodendron tulipifera L.

북아메리카 원산의 목련과에 속하는 낙엽 지는 큰키나무로 줄기가 곧게 자라서 13 내지 15미터에 이르나 원산지에서는 키가 60미터, 가슴 높이의 둘레가 3미터에 이르는 거대한 나무로 자란다.

잎은 어긋나고 길이 15센티미터 정도이고 긴 잎자루가 있다. 잎의 생김새는 전체적으로 플라타너스와 비슷하나 끝이 가위로 자른 듯한 평두이고 밑이 심장형이며 가장자리는 중앙부에서 둘로 크게 갈라지고 아래에서 다시 약간 갈라지기도 한다. 잎몸은 옅은 녹색으로 엷으면서 딱딱하고 털이 없으며 독특한 향이 있다. 잎자루 밑에는 2개의 녹색 큰 턱잎이 있는데 바로 위의 다음에 펴질 눈을 감싸고 있고, 이 턱잎이 떨어지면 줄기에 가락지 모양의 턱잎흔을 남긴다.

5월에서 6월에 가지 끝에 지름 6센티미터 정도의 튤립같은 꽃이 1개씩 달린다. 꽃받침은 3개로 연록색이며 긴 주걱 모양이다. 꽃잎은 6장으로 황록색이며 안쪽 아래에 주황색을 띤 부분이 있는데 여기에서 꿀이 나온다. 수술은 많으며 짧은 수술대에 2센티미터 길이의 꽃밥이 밖을 향해 열린다. 암술도 많으며 꽃턱에 나선형으로 붙어 있고 꽃이 진 뒤 자라서 7센티미터 길이에 이른다.

열매는 긴 타원형으로 끝이 넓어져서 날개 역할을 하고 아래에 1, 2개의 씨앗이 달리는데 바람에 의해 프로펠러처럼 빙글빙글 돌며 날린다.

성장이 매우 빨라 조건만 맞으면 10년에 10미터 정도에도 도달하기 때문에 세계 각지의 온대 지방에서 가로수, 공원수로 심고 있다. 나무껍질에는 알칼로이드 성분이 있어서 심장, 신경에 작용한다.

동

철

팔손이(Japanese Aralia, 八角金盤)
Fatsia japonica (Thunb.) Decne. et Flanch.

고온다습한 지역에 분포하며 우리나라에서는 남해도와 거제도에 자생하고 남부 지방의 정원에 심겨지기도 하는 두릅나무과의 늘푸른 큰키나무로 키가 2.5미터 정도이다.

여러 대의 줄기가 모여 나는데 그다지 가지를 치지 않아서 다부룩하게 옆으로 퍼지고 가지는 굵고 털이 없으며 수는 흰색으로 크다. 잎은 마주나고 20 내지 40센티미터의 크기로서 긴 잎자루에 의해 줄기 끝에 모여서 사방으로 퍼진다. 전체적으로 원형에 가까우며 맥이 7 내지 9개로 갈라진 맥에 따라 손바닥 모양으로 갈라지며 열편은 달걀 모양 또는 달걀 모양 피침형으로 끝이 뾰족하고 밑이 심장형이다. 표면은 짙은 녹색이고 뒷면은 밝은 황록색으로 털이 없고 가장자리에는 톱니가 있으며 두껍고 윤채가 있다. 어린 잎은 다갈색의 면모로 덮여 있다. 잎자루는 길어서 30센티미터 이상이고 둥글며 털이 없다.

늦가을에 흰 포엽으로 싸인 큰 눈이 가지 끝에 생기는데 포엽이 벗겨지면 길이 20 내지 40센티미터, 지름 5 내지 8센티미터의 커다란 원추꽃차례가 자라 나오고, 원추꽃차례의 갈라진 가지 끝마다 흰색의 작은 꽃이 산형으로 모여 달린다. 꽃은 지름 5밀리미터 정도로 암꽃과 수꽃이 따로 있다. 수꽃에는 5개의 꽃잎과 5개의 수술이 있고 암꽃은 하위 자방으로 도드라진 화반 위에 1.5밀리미터 길이의 5개의 암술대가 있다.

열매는 구형으로 지름 5밀리미터이고 다음 해 5, 6월경에 익어서 검게 된다.

염색 8월 동네 시장에 다녀오는 길에 오래된 한옥을 철거하는 공사 현장을 지나게 되었다. 정원에 심겨진 나무들은 베어지고 꺾여지는 등 때아닌 수난을 당하고 있었다. 가장 눈길을 끄는 것은 초록색의 커다란 손바닥 같은 잎을 펼친 팔손이나무였다. 청청한 잎이 너무 아까워 주인의 승낙을 얻어 잎을 따 모았다. 믹서에 갈아 보니 독특한 밝은 녹갈색으로 흰 거품이 두텁게 위를 덮는다. 천을 물에 행굴 때에도 거품이 생겼다. 의외로 물이 잘 드는데 매염제에 대한 반응도 좋은 편이다.

알루미늄	동	철

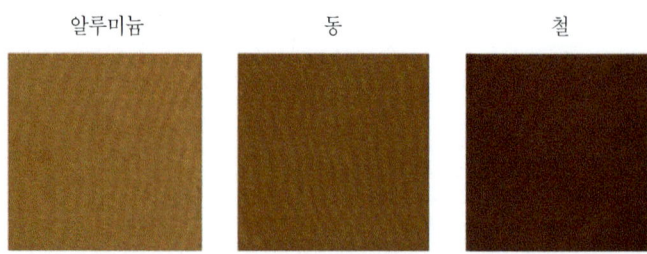

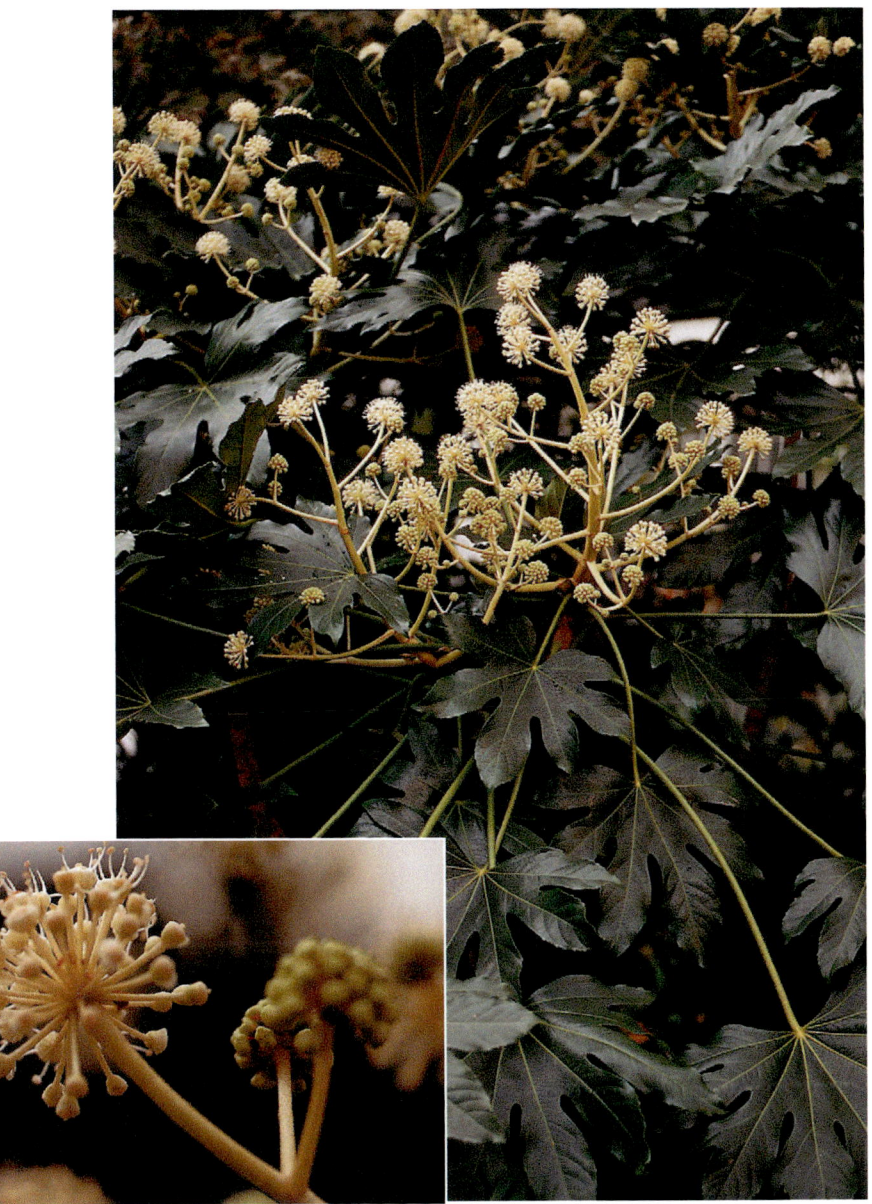

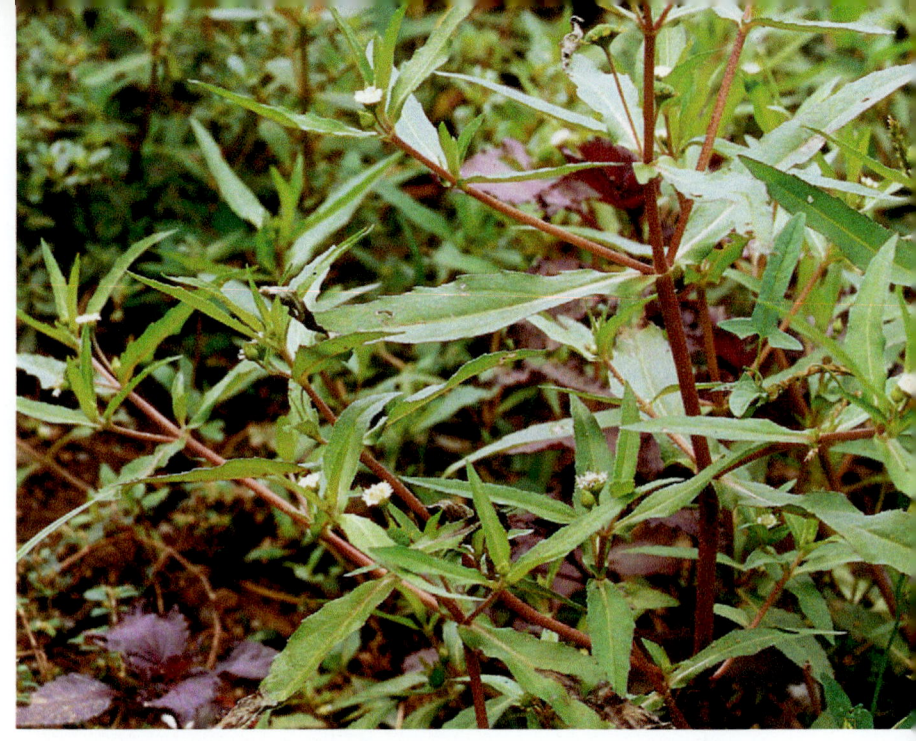

한련초(旱蓮草)

Eclipta prostrata L.

열대에서 난온대까지 전세계에 널리 분포하는 국화과의 1년생 잡초로 습지, 논둑, 도랑 주변에서 자란다.

곧추 자라거나 땅위로 누워 옆으로 퍼져서 10 내지 60센티미터에 이른다. 가지는 잎겨드랑이에서 마주나서 줄기 윗부분에서는 서로 엇갈려 난 것처럼 보이고 전체에 굳은 털이 있다. 잎은 마주나고 길이 3 내지 10센티미터, 너비 5 내지 25밀리미터로서 피침형이고 양끝이 좁다. 양면에 짧고 굳은 털이 있어서 깔깔하고 맨 아래의 측맥이 길어서 주맥과 함께 3맥이 발달하고 가장자리에 잔톱니가 있다. 잎자루는 없거나 매우 짧다.

7, 9월에 줄기와 가지 끝에 두상화를 만드는데 두상화는 지름 1센티미터 정도이고 흰색으로 길이 2 내지 4.5센티미터의 꽃대가 있다. 총포는 구상 종형으로 길이 5밀리미터, 너비 6 내지 7밀리미터이지만 수정 뒤 부풀어서 지름 11밀리미터 정도가 된다. 총포편은 5 내지 6개로 녹색이며 긴 타원형으로 끝이 뾰족하다. 두상화는 중앙의 통상화와 그를 둘러싼 설상화로 되는데 옅은 녹색의 통상화는 끝이 4개로 갈라지고 흰색의 설상화는 가늘고 길어서 길이 2.5밀리미터, 너비 0.4밀리미터이며 둘 다 열매를 맺는다.

열매는 길이 2.5 내지 3밀리미터 정도의 검정색 수과로서 길이 방향으로 작은 돌기가 줄지어 생기며 통상화의 열매는 네모이고 설상화의 열매는 세모이다.

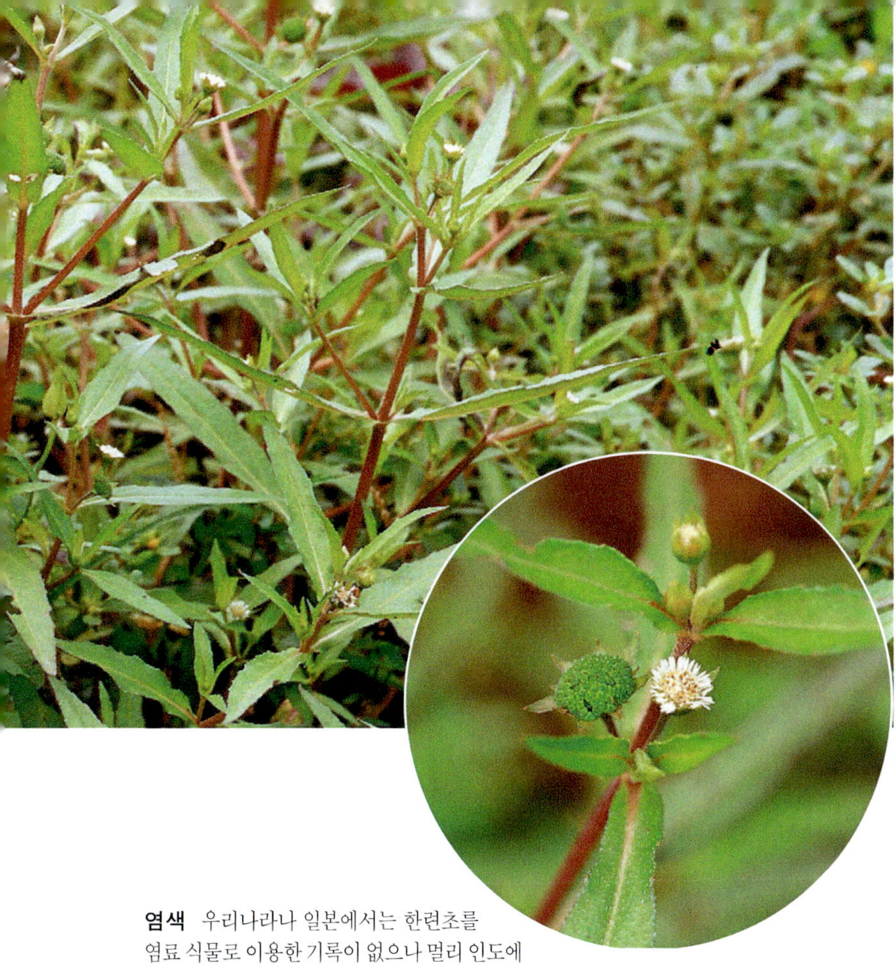

염색 우리나라나 일본에서는 한련초를
염료 식물로 이용한 기록이 없으나 멀리 인도에
서는 한련초의 즙에서 흑색 염료를 얻었다고 한다. 8월 담양군 소쇄원 부근의 개울가에 무리
지어 피어 있는 한련초를 줄기째 채집하였다. 섬유질이 많아서 잘 갈리지 않는데 막 갈아 놓은
상태에서는 황록색이나 점차 잉크색에서 검정색에 가깝게 변해간다. 이를 끓이면 짙은 쑥색
으로 되는데 매염제에 대한 반응이 좋아서 다양한 색이 나오며 철 매염에 의해 짙은 흑갈색을
얻을 수 있었다.

무　　　　　　　　　동　　　　　　　　　철

쉽게 구할 수 있는
염료 식물 찾아보기

가는금불초 ·············· 12
가지 ························ 14
감국 ························ 16
개나리 ···················· 18
개망초 ···················· 20
개쑥갓 ···················· 22
개암나무 ················· 24
검노린재 ················· 26
국수나무 ················· 28
꿀풀 ························ 30
능소화 ···················· 32
단풍나무 ················· 34
돌피 ························ 36
동백 ························ 38
등 ··························· 40
딱총나무 ················· 42
땅비싸리 ················· 44
때죽나무 ················· 46
뚱딴지 ···················· 48
머위 ························ 50
멸가치 ···················· 52

모란 ························ 54
물오리나무 ·············· 56
미국가막사리 ··········· 58
미나리아재비 ··········· 60
박태기나무 ·············· 62
방가지똥 ················· 64
배롱나무 ················· 67
배암차즈기 ·············· 69
배초향 ···················· 70
뱀딸기 ···················· 72
벌깨덩굴 ················· 74
보리수나무 ·············· 76
봉선화 ···················· 78
붉은서나물 ·············· 80
사방오리 ················· 82
사위질빵 ················· 84
서양민들레 ·············· 86
석류 ························ 90
소리쟁이 ················· 92
쇠무릎 ···················· 94
수영 ························ 96

신나무 ···················· 98
쑥갓 ······················ 100
씀바귀 ···················· 102
애기똥풀 ················· 104
양하 ······················ 106
엉겅퀴 ···················· 108
여뀌바늘 ················· 110
이팝나무 ················· 113
자주괴불주머니 ········ 116
작약 ······················ 118
조개나물 ················· 120
조록싸리 ················· 122
조뱅이 ···················· 124
족제비싸리 ·············· 126
짚신나물 ················· 128
찔레나무 ················· 130
참취 ······················ 132
칡 ·························· 134
튤립나무 ················· 137
팔손이 ···················· 138
한련초 ···················· 140

참고 문헌

이창복,『대한식물도감』, 향문사, 1980.

Bliss Anne, *North America Dye Plants*, Interweave Press, 1993.

Buchenan Rita, *A Waever's Garden*, Interweave Press, 1987.

Blumenthal Betsy · Kathryn Kreider,『*Hands on Dyeing*, Interweave Press, 1988.

Grierson Su, *The Colour Cauldron*, Oliver Mcpherson Ltd., 1989.

Van Stralen Trudy, *Indigo Madder & Marigold, Grierson*, Interweave Press, 1933.

堀田滿,『世界有用植物事典』, 平凡社, 1989.

寺村祐子,『ウ-ルの植物染色』, 文化出版社, 1984.

山崎靑樹,『草木染染料植物圖鑑』, 美術出版社, 1988.

빛깔있는 책들 301-26

쉽게 구할 수 있는 **염료 식물**

글 | 황수영
사진 | 황수영, 안장헌

초판 1쇄 발행 | 1996년 10월 10일
초판 6쇄 발행 | 2022년 03월 10일

발행인 | 김남석
발행처 | ㈜대원사
주   소 | 06342 서울시 강남구 양재대로 55길 37, 302
전   화 | (02)757-6711, 6717~9
팩시밀리 | (02)775-8043
등록번호 | 제3-191호
홈페이지 | http://www.daewonsa.co.kr

ⓒ Daewonsa Publishing Co., Ltd
Printed in Korea 1996

값 13,000원

ISBN | 89-369-0188-5 00480

빛깔있는 책들

민속(분류번호:101)

1 짚문화	2 유기	3 소반	4 민속놀이(개정판)	5 전통 매듭
6 전통 자수	7 복식	8 팔도 굿	9 제주 성읍 마을	10 조상 제례
11 한국의 배	12 한국의 춤	13 전통 부채	14 우리 옛 악기	15 솟대
16 전통 상례	17 농기구	18 옛 다리	19 장승과 벅수	106 옹기
111 풀문화	112 한국의 무속	120 탈춤	121 동신당	129 안동 하회 마을
140 풍수지리	149 탈	158 서낭당	159 전통 목가구	165 전통 문양
169 옛 안경과 안경집	187 종이 공예 문화	195 한국의 부엌	201 전통 옷감	209 한국의 화폐
210 한국의 풍어제	270 한국의 벽사부적	279 제주 해녀	280 제주 돌담	

고미술(분류번호:102)

20 한옥의 조형	21 꽃담	22 문방사우	23 고인쇄	24 수원 화성
25 한국의 정자	26 벼루	27 조선 기와	28 안압지	29 한국의 옛 조경
30 전각	31 분청사기	32 창덕궁	33 장석과 자물쇠	34 종묘와 사직
35 비원	36 옛책	37 고분	38 서양 고지도와 한국	39 단청
102 창경궁	103 한국의 누	104 조선 백자	107 한국의 궁궐	108 덕수궁
109 한국의 성곽	113 한국의 서원	116 토우	122 옛기와	125 고분 유물
136 석등	147 민화	152 북한산성	164 풍속화(하나)	167 궁중 유물(하나)
168 궁중 유물(둘)	176 전통 과학 건축	177 풍속화(둘)	198 옛 궁궐 그림	200 고려 청자
216 산신도	219 경복궁	222 서원 건축	225 한국의 암각화	226 우리 옛 도자기
227 옛 전돌	229 우리 옛 질그릇	232 소쇄원	235 한국의 향교	239 청동기 문화
243 한국의 황제	245 한국의 읍성	248 전통 장신구	250 전통 남자 장신구	258 별전
259 나전공예				

불교 문화(분류번호:103)

40 불상	41 사원 건축	42 범종	43 석불	44 옛절터
45 경주 남산(하나)	46 경주 남산(둘)	47 석탑	48 사리구	49 요사채
50 불화	51 괘불	52 신장상	53 보살상	54 사경
55 불교 목공예	56 부도	57 불화 그리기	58 고승 진영	59 미륵불
101 마애불	110 통도사	117 영산재	119 지옥도	123 산사의 하루
124 반가사유상	127 불국사	132 금동불	135 만다라	145 해인사
150 송광사	154 범어사	155 대흥사	156 법주사	157 운주사
171 부석사	178 철불	180 불교 의식구	220 전탑	221 마곡사
230 갑사와 동학사	236 선암사	237 금산사	240 수덕사	241 화엄사
244 다비와 사리	249 선운사	255 한국의 가사	272 청평사	

음식 일반(분류번호:201)

60 전통 음식	61 팔도 음식	62 떡과 과자	63 겨울 음식	64 봄가을 음식
65 여름 음식	66 명절 음식	166 궁중음식과 서울음식		207 통과 의례 음식
214 제주도 음식	215 김치	253 장醬	273 밑반찬	

건강 식품(분류번호:202)

105 민간 요법   181 전통 건강 음료

즐거운 생활(분류번호:203)

67 다도	68 서예	69 도예	70 동양란 가꾸기	71 분재
72 수석	73 칵테일	74 인테리어 디자인	75 낚시	76 봄가을 한복
77 겨울 한복	78 여름 한복	79 집 꾸미기	80 방과 부엌 꾸미기	81 거실 꾸미기
82 색지 공예	83 신비의 우주	84 실내 원예	85 오디오	114 관상학
115 수상학	134 애견 기르기	138 한국 춘란 가꾸기	139 사진 입문	172 현대 무용 감상법
179 오페라 감상법	192 연극 감상법	193 발레 감상법	205 쪽물들이기	211 뮤지컬 감상법
213 풍경 사진 입문	223 서양 고전음악 감상법		251 와인(개정판)	254 전통주
269 커피	274 보석과 주얼리			

건강 생활(분류번호:204)

86 요가	87 볼링	88 골프	89 생활 체조	90 5분 체조
91 기공	92 태극권	133 단전 호흡	162 택견	199 태권도
247 씨름	278 국궁			

한국의 자연(분류번호:301)

93 집에서 기르는 야생화	94 약이 되는 야생초	95 약용 식물	96 한국의 동굴
97 한국의 텃새	98 한국의 철새	99 한강	100 한국의 곤충	118 고산 식물
126 한국의 호수	128 민물고기	137 야생 동물	141 북한산	142 지리산
143 한라산	144 설악산	151 한국의 토종개	153 강화도	173 속리산
174 울릉도	175 소나무	182 독도	183 오대산	184 한국의 자생란
186 계룡산	188 쉽게 구할 수 있는 염료 식물		189 한국의 외래·귀화 식물	
190 백두산	197 화석	202 월출산	203 해양 생물	206 한국의 버섯
208 한국의 약수	212 주왕산	217 홍도와 흑산도	218 한국의 갯벌	224 한국의 나비
233 동강	234 대나무	238 한국의 샘물	246 백두고원	256 거문도와 백도
257 거제도	277 순천만			

미술 일반(분류번호:401)

130 한국화 감상법	131 서양화 감상법	146 문자도	148 추상화 감상법	160 중국화 감상법
161 행위 예술 감상법	163 민화 그리기	170 설치 미술 감상법	185 판화 감상법	
191 근대 수묵 채색화 감상법		194 옛 그림 감상법	196 근대 유화 감상법	204 무대 미술 감상법
228 서예 감상법	231 일본화 감상법	242 사군자 감상법	271 조각 감상법	

역사(분류번호:501)

252 신문	260 부여 장정마을	261 연기 솔올마을	262 태안 개미목마을	263 아산 외암마을
264 보령 원산도	265 당진 합덕마을	266 금산 불이마을	267 논산 병사마을	268 홍성 독배마을
275 만화	276 전주한옥마을	281 태극기	282 고인돌